智能制造高级应用型人才培养系列教材

移动机器人技术应用

邓三鹏　岳　刚　权利红　祁宇明　编著

郑　桐　主审

机械工业出版社

CHINA MACHINE PRESS

本书通过剖析世界技能大赛移动机器人赛项阐述了移动机器人应用技术，由长期从事移动机器人技术教学的一线教师依据其在机器人竞赛、教学、科研和技能鉴定方面的丰富经验编撰而成。本书内容包括世界技能大赛典型移动机器人搭建实例及调试、LabVIEW 编程基础、myRIO 配置及应用、传感器的通信与调试、LabVIEW 编程拓展训练、世界技能大赛典型移动机器人控制内容。本书按照"项目导入、任务驱动"的理念精选教学内容，内容全面综合、深入浅出、循序渐进，编写中力求做到"理论先进、内容实用、操作性强"，兼顾移动机器人应用的实际情况和发展趋势，突出实践能力和创新素质的培养。

本书充分体现了理论知识"必需、够用"的特点，突出应用能力和创新素质的培养，从理论到实践，再从实践到理论，较全面地介绍了移动机器人技术及基于世赛移动机器人赛项的应用。本书能帮助读者快速熟悉移动机器人技术及应用方法，进而掌握移动机器人的设计、制作及控制技术。

本书可作为机电类、自动化类和电子类专业教材，也可作为各类机器人技术的培训教材，还可作为从事移动机器人设计、编程、设计和维修等工程技术人员的参考书。

学习资源网址：http：//www.bnrob.com→智造学院→配套教材→移动机器人技术应用。

图书在版编目（CIP）数据

移动机器人技术应用/邓三鹏等编著. —北京：机械工业出版社，2018.7（2024.1重印）

智能制造高级应用型人才培养系列教材

ISBN 978-7-111-60826-4

Ⅰ.①移… Ⅱ.①邓… Ⅲ.①移动式机器人-教材 Ⅳ.①TP242

中国版本图书馆 CIP 数据核字（2018）第 205492 号

机械工业出版社（北京市百万庄大街22号 邮政编码100037）
策划编辑：薛 礼 责任编辑：薛 礼 责任校对：张晓蓉
封面设计：鞠 杨 责任印制：单爱军
北京虎彩文化传播有限公司印刷
2024 年 1 月第 1 版第 5 次印刷
184mm×260mm·14.75 印张·362 千字
标准书号：ISBN 978-7-111-60826-4
定价：49.80 元

电话服务　　　　　　　　　网络服务
客服电话：010-88361066　　机 工 官 网：www.cmpbook.com
　　　　　010-88379833　　机 工 官 博：weibo.com/cmp1952
　　　　　010-68326294　　金 书 网：www.golden-book.com
封底无防伪标均为盗版　　机工教育服务网：www.cmpedu.com

序

制造业是实体经济的主体，是推动经济发展、改善人民生活、参与国际竞争和保障国家安全的根本所在。纵观世界强国的崛起，都是以强大的制造业为支撑的。在虚拟经济蓬勃发展的今天，世界各国仍然高度重视制造业的发展。制造业始终是国家富强、民族振兴的坚强保障。

当前，新一轮科技革命和产业变革在全球范围内蓬勃兴起，创新资源快速流动，产业格局深度调整，我国制造业迎来"由大变强"的难得机遇。实现制造强国的战略目标，关键在人才。在全球新一轮科技革命和产业变革中，世界各国纷纷将发展制造业作为抢占未来竞争制高点的重要战略，把人才作为实施制造业发展战略的重要支撑，加大人力资本投资，改革创新教育与培训体系。当前，我国经济发展进入新常态，制造业发展面临着资源环境约束不断强化、人口红利逐渐消失等多重因素的影响，人才是第一资源的重要性更加凸显。

《中国制造2025》第一次从国家战略层面描绘建设制造强国的宏伟蓝图，并把人才作为建设制造强国的根本，对人才发展提出了新的更高要求。提高制造业创新能力，迫切要求培养具有创新思维和创新能力的拔尖人才、领军人才；强化工业基础能力，迫切要求加快培养掌握共性技术和关键工艺的专业人才；信息化与工业化深度融合，迫切要求全面增强从业人员的信息技术运用能力；发展服务型制造业，迫切要求培养更多复合型人才进入新业态、新领域；发展绿色制造，迫切要求普及绿色技能和绿色文化；打造"中国品牌""中国质量"，迫切要求提升全员质量意识和素养等。

哈尔滨工业大学在20世纪80年代研制出我国第一台弧焊机器人和第一台点焊机器人，30多年来为我国培养了大量的机器人人才；苏州大学在产学研一体化发展方面成果显著；天津职业技术师范大学从2010年开始培养机器人职教师资，秉承"动手动脑，全面发展"的办学理念，进行了多项教学改革，建成了机器人多功能实验实训基地，并开展了对外培训和鉴定工作。本套规划教材是结合这些院校人才培养特色以及智能制造类专业特点，以"理论先进，注重实践，操作性强，学以致用"为原则精选教材内容，依据在工业机器人技术、数控技术等专业的教学、科研、竞赛和成果转化等方面的丰富经验编写而成的。其中有些书已经出版，具有较高的质量，未出版的讲义在教学和培训中经过多次使用和修改，亦收到了很好的效果。

我们深信，本套教材的出版发行和广泛使用，不仅有利于加强各兄弟院校在教学改革方面的交流与合作，而且对智能制造类专业人才培养质量的提高也会起到积极的促进作用。

当然，由于智能制造技术发展非常迅速，编者掌握材料有限，本套教材还需要在今后的改革实践中进一步进行检验、修改、锤炼和完善，殷切期望同行专家及读者们不吝赐教，多加指正，并提出建议。

苏州大学教授、博导
教育部长江学者特聘教授
国家杰出青年基金获得者
国家万人计划领军人才
机器人技术与系统国家重点实验室副主任
国家科技部重点领域创新团队带头人
江苏省先进机器人技术重点实验室主任

2018 年 1 月 6 日

前言　Preface

　　移动机器人是集机械、电子、自动化和人工智能等多学科先进技术于一体的智能制造系统的重要自动化单元，具有移动、自动导航、多传感器控制、网络交互等功能，已广泛应用于机械、电子、纺织、烟草、医疗、食品、造纸等行业中，实现柔性搬运、传输等功能。它还用于自动化立体仓库、柔性加工系统、柔性装配系统。同时，移动机器人可在车站、机场、邮局等场合的物品分拣中作为运输工具。在太空探索、军用机器人、自动驾驶等方面，移动机器人正逐渐成为衡量一个国家自动化程度的重要标志之一。近年来，国内移动机器人产业呈现出爆发性增长态势，而移动机器人的设计、维护、保养等必须由经过系统学习的专业人员来实施，因此迫切需要培养熟悉移动机器人的技术人员。

　　本书在 LabVIEW 2015-myRIO 编程软件和天津博诺智创机器人技术有限公司研发的智能移动机器人（BNRT-MOB-44）基础上，通过剖析世界技能大赛移动机器人赛项，阐述了移动机器人技术。本书是由长期从事工业机器人技术教学的一线教师和企业工程师依据其在机器人竞赛、工程应用、教学、科研和技能鉴定方面的丰富经验编撰而成的，包括世界技能大赛典型移动机器人搭建实例及调试、LabVIEW 编程基础、myRIO 配置及应用、传感器的通信与调试、LabVIEW 编程拓展训练、世界技能大赛典型移动机器人控制等内容。编写时，按照"项目导入、任务驱动"的理念精选教学内容，内容全面综合、深入浅出、循序渐进，编写中力求做到"理论先进、内容实用、操作性强"，兼顾移动机器人应用的实际情况和发展趋势，突出实践能力和创新素质的培养。

　　本书由邓三鹏、岳刚、权利红、祁宇明编著，分工如下：天津职业技术师范大学祁宇明编写项目一和项目二，天津交通职业学院岳刚编写项目三和项目四，天津职业技术师范大学邓三鹏编写项目五和项目六，天津博诺智创机器人技术有限公司权利红编写项目七。天津职业技术师范大学机器人及智能装备研究所研究生王云磊、谢坤鹏、王鹏、田习文、王磊，天津博诺智创机器人技术有限公司丁大宝、刘为、苑丹丹、孙涛、刘培凯等进行了素材收集、文字图片处理、实验验证、学习资源制作等工作。本书由第 44、45 届世界技能大赛移动机器人赛项中国技术指导专家组组长、天津职业技术师范大学的郑桐高级实验师主审。

　　本书得到天津市人才发展特殊支持计划"智能机器人技术及应用"高层次创新创业团队项目（TJTZJH-GCCCXCYTD-2-26）和教育部、财政部职业院校教师素质提高计划职教师资培养资源开发项目（VTNE016）的资助。本书在编写过程中还得到天津职业技术师范大学机器人及智能装备研究所、天津职业技术师范大学机电工程系、全国机械职业教育教学指导委员会、天津博诺智创机器人技术有限公司和安徽博皖机器人有限公司的大力支持和帮助，特别是天津博诺智创机器人技术有限公司提供了验证设备及技术支持，在此深表谢意。

　　由于编者水平所限，书中难免存在不妥之处，恳请同行专家和读者不吝赐教，联系邮箱：37003739@qq.com。

　　学习资源网址：http://www.bnrob.com→智造学院→配套教材→移动机器人技术应用。

邓三鹏

2018 年于天津

Contents 目录

项目一
世界技能大赛典型移动机器人搭建实例及调试

任务一　搭建移动机构

搭建移动机构

一、学习目标

1) 掌握移动机器人移动机构的搭建方法。

2) 掌握麦克纳姆轮、直流减速电动机、整体车架的特点。

二、工作任务

搭建移动机器人的移动机构。

所需的零部件：麦克纳姆轮、直流减速电动机、型材、螺栓 M3×10mm（若干）、螺母 M3（若干）等。所需的工具：内六角扳手、螺钉旋具、呆扳手等。

三、实践操作

搭建移动机器人的移动机构，使移动机器人能够按需要进行全方向的直线移动、旋转。按照移动机器人的移动机构装配简图（见图1-1），依次进行零部件的安装，安装步骤如下：

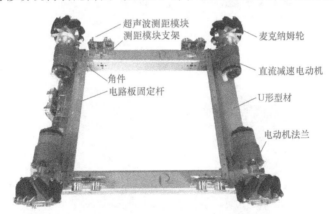

超声波测距模块
测距模块支架
角件
电路板固定杆
麦克纳姆轮
直流减速电动机
U形型材
电动机法兰

图1-1　移动机器人的移动机构装配简图

1) 将 U 形连接件（见图1-2）和电动机法兰（见图1-3）安装到 U 形型材上，U 形型材两端各安装一个且 U 形型材，开口朝向电动机法兰一侧，作为移动机器人移动机构前梁，装配在移动机构前面，如图1-4所示。

2) 将电动机法兰安装到另一根 U 形型材上，且 U 形型材两端各安装一对，再安装电动机，按照相同的方法给前梁安装电动机。注意：U 形型材开口背向电动机法兰一侧，作为移动机器人移动机构后梁，装配在移动机构后面，如图1-5所示。

3) 安装麦克纳姆轮。麦克纳姆轮如图1-6所示。注意：锁紧螺钉要对着电动机轴的缺口，如图1-7所示；前梁和后梁的麦克纳姆轮的方向相反，如图1-1所示。

图 1-2 U 形连接件

图 1-3 电动机法兰

图 1-4 安装 U 形连接件和电动机法兰

图 1-5 安装电动机

图 1-6 麦克纳姆轮

图 1-7 安装麦克纳姆轮

　　麦克纳姆轮在平地上能够自由移动，但是在特殊地形条件下，如在沙地、石子路面上，无法发挥其优势。而在第 44 届世界技能大赛移动机器人赛项中，需要机器人进入沙地（见

图 1-8），捡起沙地上的台球。为此，天津博诺智创机器人技术有限公司（以下简称"博诺智创"）研发团队提供了相应的解决方案。

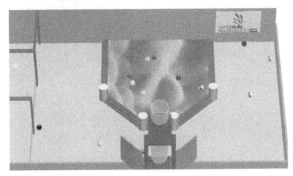

图 1-8 世界技能大赛移动机器人赛项场地

方案一：采用履带式机器人。履带式机器人受路况限制小，能够适应松软的地形条件，如沙地、泥地，也可以在野外丛林、草原、山坡等环境下自如行驶，如图 1-9、图 1-10 所示。

图 1-9 履带式机器人（一）　　　　　　　图 1-10 履带式机器人（二）

结合第 44 届世界技能大赛移动机器人赛项场地布局情况，设计了图 1-11 所示的履带式移动机器人。

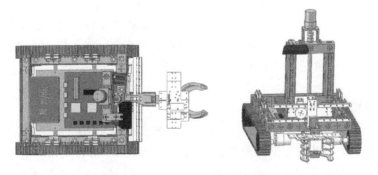

图 1-11 履带式移动机器人方案图

方案二：在麦克纳姆轮式移动机器人升降结构基础之上搭建双臂伸缩滑道机构，如图 1-12 所示，使移动机器人在沙地外依靠双臂伸缩滑道机构远距离抓取台球。

方案三：在麦克纳姆轮式移动机器人结构基础之上改装折叠臂结构，如图 1-13 所示，

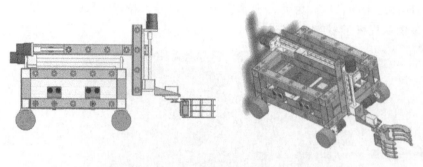

图 1-12　双臂伸缩滑道式移动机器人方案

采用折叠臂结构使移动机器人在沙地外依靠气撑杆驱动折叠臂机构远距离抓取台球。

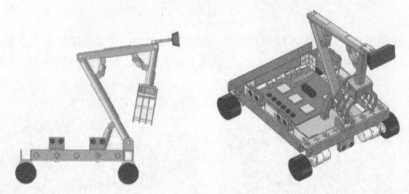

图 1-13　折叠臂式移动机器人方案

四、问题探究

? 什么是全向轮，全向轮能做什么？

全向轮（Omni Wheel）能够实现不同方向的移动。全向轮可以像一个正常的车轮那样滚动，也可以像一个使用滚轮的辊那样侧向滚动，它适用于机器人、手推车、转移输送机、货运车等设备，可提供完善的性能。例如，可以使用两个传统的车轮、中心车轴和四个全向轮（前轴和后轴车轮），建立一个六轮车辆。全向轮移动和旋转，很容易实现方向控制和跟踪，并尽可能快地转动。全向轮无须润滑或现场维护和安装，非常简单和稳定。全向轮通常可以分为两种类型：一种是单排的全向轮，另一种是双排的全向轮。

五、知识拓展

1. 麦克纳姆轮简介

麦克纳姆轮是在 1973 年由瑞士 Mecanum 公司的工程师 Bengt Ilon 发明的，可以任意方向自由移动。其设计构想是在车轮外环固定与中心轴成 45°的自由滚子，车轮旋转时，成 45°排列的自由滚子与地面接触，地面给予车轮沿自由滚子转轴方向的摩擦力，此摩擦力可分为 X 向分力与 Y 向分力，通过车轮的正反转或停止，可以改变 X 向分力和 Y 向分力的方向，实现平台的全方位移动。

这种全方位移动方式是基于上述原理实现的。麦克纳姆轮如图 1-6 所示，这些互成角度的周边轮轴把沿着滚子转轴的摩擦力转化为沿特定方向的平台移动力。依靠各机轮的方向和速度，这些力在任何要求的方向上产生一个合力矢量，从而保证该轮在最终的合力矢量方向上能自由地移动，而不改变机轮自身的方向。麦克纳姆轮的轮缘上斜向分布着许多小滚子，故轮子可以横向滑移。小滚子的母线很特殊，当轮子绕着固定的轮心轴转动时，各个小滚子的包络线为圆柱面，所以该轮能够连续地向前滚动。麦克纳姆轮结构紧凑，运动灵活，是很成功的一种全向轮。利用四个麦克纳姆轮进行组合，可以更灵活方便地实现全方位移动功能。

基于麦克纳姆轮技术的全方位运动设备可以实现前行、横移、斜行、旋转及其组合等运动方式。在此基础上研制的全方位叉车及全方位运输平台非常适合转运空间有限、作业通道狭窄的舰船环境，在提高舰船保障效率、增加舰船空间利用率以及降低人力成本方面具有明显的优势。

2. 麦克纳姆轮的安装

型号为 BNRT-MOB-44 的智能移动机器人由四个麦克纳姆轮带动做自由移动，其中两个为左旋轮，两个为右旋轮。左旋轮和右旋轮呈手形对称，如图 1-14 所示。购买时应成对购买。麦克纳姆轮的安装方式分为：X-正方形（X-square）、X-长方形（X-rectangle）、O-正方形（O-square）、O-长方形（O-rectangle）。其中，X和 O 表示四个轮子与地面接触的辊子所形成的图形，正方形与长方形指的是四个轮子与地面接触点所围成的形状。麦克纳姆轮的安装示意图如图 1-15 所示。

图 1-14　两个叠在一起的麦克纳姆轮

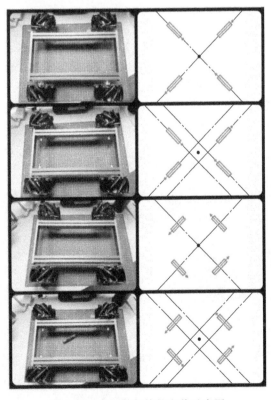

图 1-15　麦克纳姆轮的安装示意图

六、评价反馈

基本素养（30分）				
序号	评价内容	自评	互评	师评
1	纪律（无迟到、早退、旷课）（10分）			
2	安全规范操作（10分）			
3	团结协作能力、沟通能力（10分）			
理论知识（20分）				
序号	评价内容	自评	互评	师评
1	掌握各种机构的组成（10分）			
2	掌握机构搭建的原则（10分）			
技能操作（50分）				
序号	评价内容	自评	互评	师评
1	独立完成移动机构搭建方案设计（15分）			
2	独立完成移动机构搭建任务（15分）			
3	机器人移动机构搭建讲述（10分）			
4	移动机构搭建的心得分享（10分）			
综合评价				

七、练习与思考题

1. 填空题

1）全向轮可以像一个正常的车轮或使用滚轮的_____滚动，它适用于_____、_____、_____等设备。

2）全向轮通常可以分为两种类型：一种是_____，另一种是_____。

3）基于麦克纳姆轮技术的全方位运动设备可以实现_____、_____、_____、_____及其组合等运动方式。

2. 简答题

1）什么是全向轮，全向轮能做什么？

2）麦克纳姆轮的工作原理是什么？

任务二　搭建执行机构

一、学习目标

1）掌握提升机构、夹紧机构的安装方法。

2）熟悉执行机构的工作原理。

二、工作任务

进行移动机器人执行机构的装配。

所需的零件：螺栓 M3×10mm（若干）、螺母 M3（若干）。所需的工具：内六角扳手、呆扳手。

搭建执行机构

三、实践操作

1. 提升机构的安装

在移动机器人移动机构前梁上安装四个角件，用来安装装有导轨的 C 形型材，如图 1-16 所示。角件的安装位置如图 1-17 所示，安装时注意连接部分应安装四个螺钉。装有导轨的 C 形型材与角件的固定如图 1-18 所示。

图 1-16　装有导轨的 C 形型材

图 1-17　角件的安装位置

图 1-18　装有导轨的 C 形型材与角件的固定　　　　图 1-19　滚珠丝杠

安装完型材后，开始安装滚珠丝杠（见图 1-19），安装过程如图 1-20～图 1-26 所示。滚珠丝杠是通过卡扣固定在前梁上的。

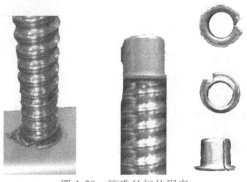

图 1-20　滚珠丝杠的固定

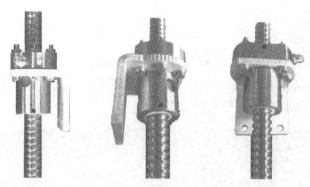

图 1-21 法兰与滚珠丝杠用螺栓固定

图 1-22 将滚珠丝杠安装在移动机构上

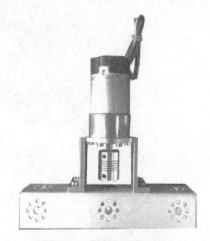

图 1-23 安装提升电动机

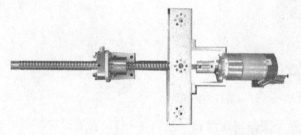

图 1-24 将提升电动机安装在滚珠丝杠顶端

图 1-25 拧紧紧定螺钉

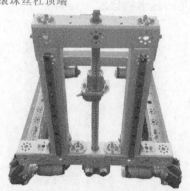

图 1-26 提升机构安装完成

2. 长臂执行机构的装配

长臂执行机构的装配过程如图 1-27~图 1-31 所示。

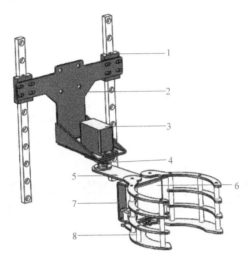

图 1-27 长臂执行机构装配简图

1—滚珠滑块 2—连接件 3—舵机 1 4—金属盘 5—长臂

6—舵机 2 7—舵机固定件 8—手爪

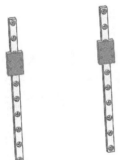

图 1-28 安装滚珠滑块

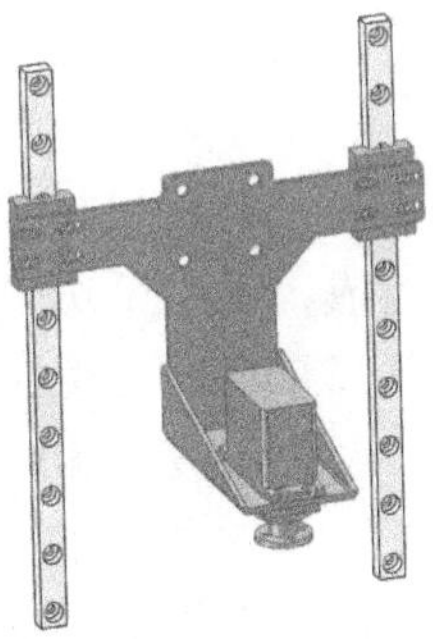

图 1-29 安装连接件及舵机

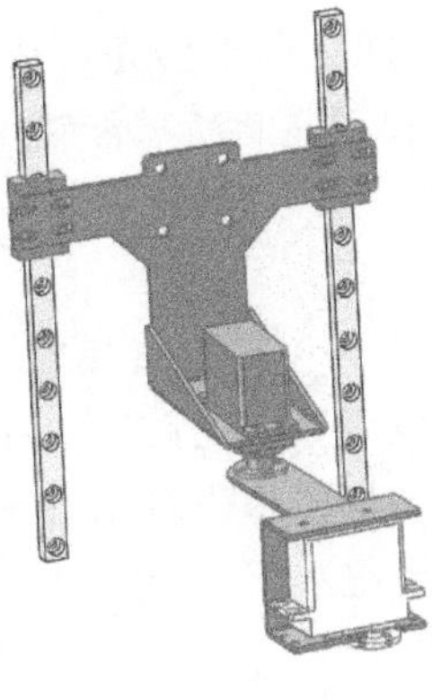

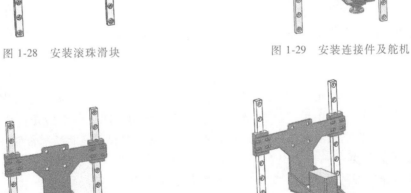

图 1-30 安装长臂及舵机

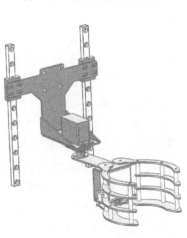

图 1-31 安装手爪

之后，将移动机构安装在移动机器人上，装配完成后的效果如图 1-32 所示，实物如图 1-33 所示。

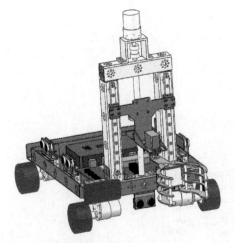

图 1-32 完整装配效果图

图 1-33 完整装配实物图

四、问题探究

? 什么是滚珠丝杠传动？

滚珠丝杠传动是将回转运动转化为直线运动，或将直线运动转化为回转运动的理想传动形式。

滚珠丝杠传动是精密机械中最常用的传动方式，由丝杠、螺母、钢球、预压片、反向器、防尘器等组成，其主要功能是将旋转运动转换成线性运动，或将扭矩转换成轴向反复作用力，同时兼具高精度、可逆性和高效率的特点。由于具有很小的摩擦阻力，滚珠丝杠传动被广泛应用于各种工业设备和精密仪器。

五、知识拓展

移动机器人的执行机构包括导向机构、传动机构、动力机构，下面对该典型移动机器人涉及的动力机构做进一步的介绍。

1. 电机简介

电动机（Electric motor），俗称"马达"，是指依据电磁感应定律将电能转化为机械能的一种电磁装置，在电气图中用字母 M 表示。它的主要作用是产生驱动转矩，作为电器或各种机械的动力源。发电机在电路中用字母 G 表示，它的主要作用是将机械能转化为电能。

2. 电动机的分类

（1）按工作电源种类划分 可分为直流电动机和交流电动机。

1）直流电动机按其结构及工作原理可分为无刷直流电动机和有刷直流电动机。其中，有刷直流电动机可分为永磁直流电动机和电磁直流电动机，电磁直流电动机又可分为串励直流电动机、并励直流电动机、他励直流电动机和复励直流电动机。永磁直流电动机可分为稀土永磁直流电动机、铁氧体永磁直流电动机和铝镍钴永磁直流电动机。

2）交流电动机可分为单相交流电动机和三相交流电动机。

（2）按结构和工作原理划分 可分为直流电动机、异步电动机和同步电动机。

1) 同步电动机可分为永磁同步电动机、磁阻同步电动机和磁滞同步电动机。

2) 异步电动机可分为感应电动机和交流换向器电动机。其中，感应电动机又可分为三相异步电动机、单相异步电动机和罩极异步电动机等，交流换向器电动机可分为单相串励电动机、交直流两用电动机和推斥电动机。

（3）按起动与运行方式划分　可分为电容起动式单相异步电动机、电容运转式单相异步电动机、电容起动运转式单相异步电动机和分相式单相异步电动机。

（4）按用途划分　可分为驱动用电动机和控制用电动机。

1) 驱动用电动机可分为电动工具（包括钻孔、抛光、磨光、开槽、切割、扩孔等工具）用电动机、家电（包括洗衣机、电风扇、电冰箱、空调、录音机、录像机、影碟机、吸尘器、电吹风、电动剃须刀等）用电动机及其他通用小型机械设备（包括各种小型机床、小型机械、医疗器械、电子仪器等）用电动机。

2) 控制用电动机可分为步进电动机和伺服电动机等。

3. 直流电动机简介

直流电动机是将直流电能转换为机械能的动力装置。电动机定子提供磁场，直流电源给转子绕组提供电流，换向器使转子电流与磁场产生的转矩保持方向不变。根据是否配置有常用的电刷-换向器可以将直流电动机分为有刷直流电动机和无刷直流电动机。

无刷直流电动机是随着微处理器技术的发展，高开关频率、低功耗新型电力电子器件的应用，控制方法的优化，以及低成本、高磁能级的永磁材料的出现而发展起来的一种新型直流电动机。

无刷直流电动机既保持了传统直流电动机良好的调速性能，又具有无滑动接触和换向火花、可靠性高、使用寿命长及噪声低等优点，因而在航空航天、数控机床、机器人、电动汽车、计算机外围设备和家用电器等方面获得了广泛应用。

按照供电方式的不同，无刷直流电动机又可以分为两类：一类是方波无刷直流电动机，其反电势波形和供电电流波形都是矩形波，又称为矩形波永磁同步电动机；另一类是正弦波无刷直流电动机，其反电势波形和供电电流波形均为正弦波。

六、评价反馈

基本素养(30分)				
序号	评价内容	自评	互评	师评
1	纪律(无迟到、早退、旷课)(10分)			
2	安全规范操作(10分)			
3	团结协作能力、沟通能力(10分)			
理论知识(20分)				
序号	评价内容	自评	互评	师评
1	掌握执行机构的组成(10分)			
2	掌握执行机构的搭建流程(10分)			
技能操作(50分)				
序号	评价内容	自评	互评	师评
1	独立完成执行机构的搭建(20分)			
2	独立完成执行机构搭建的记录(12分)			
3	搭建完成的校验(3分)			
4	机器人执行机构搭建的讲述(10分)			
5	执行机构搭建心得记录(5分)			
综合评价				

七、练习与思考题

1. 填空题

1）滚珠丝杠传动是将_____转化为_____，或将_____转化为_____的理想传动形式。

2）滚珠丝杠机构由丝杠、_____、钢球、_____、预压片、_____、防尘器等组成，其具有高精度、_____和_____的特点。

3）移动机器人的执行机构包括_____、_____、_____。

4）电动机是指依据_____将电能转化为机械能的一种电磁装置。

2. 简答题

1）简述提升机构的安装过程。

2）简述执行机构的安装过程。

3）简述滚珠丝杠传动的定义。

任务三　传感器布局

一、学习目标

1）掌握传感器的安装及调试。

2）掌握传感器的布局设计方法。

二、工作任务

完成超声波测距传感器的布局。

传感器的布局与安装

所需的零部件：超声波测距传感器（5 个）、传感器固定支架（5 个）。所需的工具：内六角扳手、螺钉旋具、呆扳手。

三、实践操作

传感器的布局是灵活多变的，根据其特点有不同的布置方法。传感器的安装数目、位置对机器人的功能有很大影响。操作步骤如下：

1. 超声波测距传感器的安装

超声波测距传感器的安装过程如图 1-34、图 1-35 所示。

图 1-34　安装超声波测距模块

注意：安装过程中，超声波探头（超声波测距传感器的超声波发射装置）需平行于

图 1-35　超声波测距模块的调整

车架。

2. 超声波测距传感器的引脚

如图 1-36 所示，HC-SRO4 型传感器共有四个引脚，由左到右分别为 GND、Echo、Trig、VCC。

HC-SRO4 型传感器的工作原理是：先向 Trig 引脚输入周期至少为 10μs 的触发信号，模块内部发出 8 个 40kHz 周期电平并检测回波，一旦检测到回波信号，Echo 引脚输出高电平回响信号，回响信号的脉冲宽度与所测的距离成正比。由此，可通过触发信号与收到的回响信号的时间间隔计算得到距离，计算公式为

距离＝高电平时间（s）×声速（340m/s）/2

3. 超声波测距传感器的布局

通过测定距离来判断移动机器人位置的最直接的方法是：在已知机器人位姿的前提下，确定机器人与四面墙壁的距离。所以判断机器人位姿是完成任务的首要条件。

通过安放在同一侧的超声波测距传感器测量的位置信息可以判断机器人与墙面的角度，然后控制移动机器人移动或转动，使其平行于墙面。

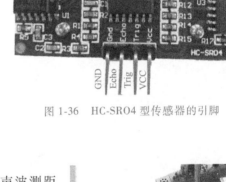

图 1-36　HC-SRO4 型传感器的引脚

1) 分别在移动机器人两侧各安放两个超声波测距传感器，判断移动机器人是否与墙面平行。移动机器人同一侧第一个超声波测距传感器测出的距墙面距离为 A，第二个超声波测距传感器测出的距墙面距离为 B。当移动机器人与墙面不平行的时候，距离 A 与距离 B 的差值不为 0，根据 A 与 B 的差值可以判断移动机器人与墙面是否平行。利用麦克纳姆轮的特性，通过移动机器人原地转动来调整其位姿，使移动机器人与墙面平行。如图1-37 所示，当 A<B 时，移动机器人需要向右转动进行微调；反之，则向左转动，直至与墙面平行。

2) 在移动机器人前方安装超声波测距传感器。当移动机器人两侧分别平行于墙面时，通过测得移动机器人距前方、左方、右方墙面的距离即可获得其当前位置。

3) 超声波测距传感器的整体布局如图 1-38 所示。

图 1-37　利用超声波测距传感器判断位置的原理

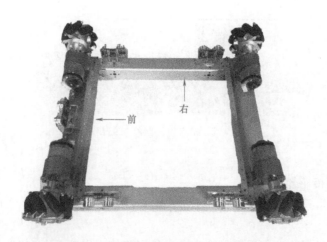

图 1-38 超声波测距传感器的整体布局

四、问题探究

❓ 如何进行传感器的布局？ 移动机器人巡线的原理是什么？

这里的巡线是指移动机器人在白色地面上巡黑线行走，由于黑线和白色地板对光线的反射系数不同，移动机器人可以根据接收到的反射光的强弱来判断"道路"。

移动机器人的巡线流程如图 1-39 所示。

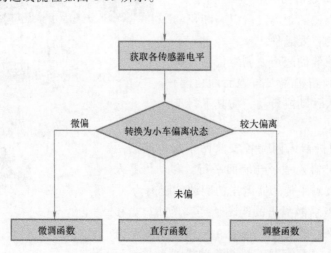

图 1-39 移动机器人的巡线流程

机器人直线行进可分为三种状态。令 $X=A-B$，当 X 的绝对值足够小时，机器人沿直线行走，这时控制两个电动机以相同的速度全速运行。当 X 的绝对值大于微调临界值且小于大偏临界值时，移动机器人处于微偏状态，这时将一个电动机的速度调慢，将另一个电动机的速度调快，完成调整。当 X 的绝对值大于大偏临界值时，机器人处于较大的偏离状态，这时把一个电动机的速度调至极低，让另一个电动机全速运行，从而可在较短时间内完成路线的调整。这种三级调速的寻迹算法与单纯的判断检测并做出判断的方法相比，程序思路清晰，执行结果较好。

当移动机器人体积较大且需要更加精确地寻迹时，应适当增加传感器的数量。随着传感器数量的增加，程序的复杂程度也相应增加，但是整体的编程思想是一致的。

在实际应用中，移动机器人的功能并不仅限于巡线，还需要其他功能：

1）实现避障功能。此时需要使用激光雷达、红外测距传感器、超声波测距传感器等，以便机器人能预知前方障碍并做出相应处理。

2）在已知地形的情况下，需要用到三轴加速度传感器，通过算法进行机器人加速度、速度以及坐标的测量。

3）当需要确定机器人位姿时，要用到陀螺仪，以确定移动机器人所转过的角度。

移动机器人的功能通常并不能仅仅依靠一两种传感器就能实现，对于一个结构复杂、精确的移动机器人，其功能往往是由多种传感器协同作用得以实现的。

五、知识拓展

1. 认识常用的传感器

移动机器人常用的传感器有激光扫描测距传感器、视觉传感器、红外测距传感器、超声波测距传感器、三轴加速度传感器、陀螺仪、红外避障传感器等。

2. 激光扫描测距传感器

激光扫描测距传感器是利用激光来测量被测物体到传感器之间的距离或者被测物体的位移等参数的。比较常用的测距方法是由脉冲激光器发出持续时间极短的脉冲激光，经过待测距离后到达被测物体，回波由光电探测器接收。因此，根据主波信号和回波信号之间的时间间隔，即脉冲激光从激光器到被测物体之间的往返时间，可以算出待测距离。

一般情况下，若要求精度非常高，常用三角法、相位法等方法测量。激光扫描测距传感器如图 1-40 所示。

3. 视觉传感器

视觉传感器的优点是探测范围广、获取信息丰富，实际应用中常使用多个视觉传感器或者与其他传感器配合使用，通过一定的算法可以得到物体的形状、距离、速度等诸多信息。或者可利用一个摄像机的序列图像来计算目标的距离和速度，还可采用 SSD（Single Shot MultiBox Detector）算法，根据一个镜头所获得的运动图像来计算机器人与目标的相对位移。

但在图像处理中，边缘锐化、特征提取等图像处理方法计算量大，实时性差，对处理器要求高；视觉测距法不能检测到玻璃等透明障碍物的存在；另外，受视场光线强弱、烟雾的影响很大。视觉传感器如图 1-41 所示。

图 1-40　激光扫描测距传感器

4. 红外测距传感器

大多数红外测距传感器都是基于三角测量原理工作的。红外发射器按照一定的角度发射红外光束，当遇到物体以后，光束反射回来。反射回来的红外光线被 CCD（Charge-couple Device）检测器检测到以后，会获得一个偏移值 L，利用三角关系，在已知发射角度 α、偏移值 L，中心距 X，以及滤镜的焦距 f 后，就可以通过几何关系计算出传感器到物体的距

图 1-41　视觉传感器

离 D。

　　红外测距传感器的优点是：不受可见光影响，白天和晚上均可测量，角度灵敏度高，结构简单，价格较便宜，可以快速感知物体的存在；其缺点是：测量时受环境影响很大，物体的颜色、方向、周围的光线都可能导致测量误差，测量不够精确。红外测距传感器如图 1-42 所示。

5. 超声波测距传感器

　　超声波测距传感器的检测距离原理是：测出发出超声波至再检测到反射回的超声波的时间间隔，根据声速计算出距离。由于超声波在空气中的速度与温度和湿度有关，因此在比较精确的测量中，需把温度和湿度的变化及其他因素考虑进去。

　　超声波测距传感器的有效探测距离较短，普通超声波测距传感器的有效探测距离都在 5~10m 之间，并且有一个最小探测盲区，一般为几十毫米。由于超声波测距传感器的成本低，实现方法简单，技术成熟，因而成为移动机器人中常用的传感器。超声波测距传感器如图 1-43 所示。

图 1-42　红外测距传感器

4. GND地线
3. echo接收端
2. Tring控制端
1. VCC电源端

图 1-43　超声波测距传感器

6. 三轴加速度传感器

　　三轴加速度传感器是加速度传感器的一种，它是基于加速度的基本原理工作的。加速度是个空间矢量，一方面，要准确了解物体的运动状态，必须测得其三个坐标轴上的分量；另一方面，在预先不知道物体运动方向的场合下，必须用三轴加速度传感器来检测加速度信号。由于三轴加速度传感器也是基于重力原理的，因此其可以实现双轴正负 90°或双轴 0°~360°的倾角，精度较高。

　　myRIO-1900 控制器可以使用内置的三轴加速度传感器来进行移动机器人位置的测算。

7. 陀螺仪

陀螺仪是一个简单易用的、基于自由空间移动和手势的定位和控制系统，它最初应用于直升机、船舶，现已被广泛应用于手机等移动便携设备。陀螺仪如图 1-44 所示。

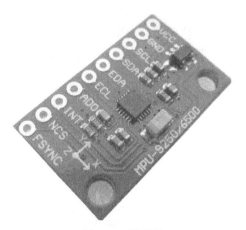

图 1-44　陀螺仪

一个旋转物体的旋转轴方向在不受外力影响时，是不会改变的。神舟十号飞船航天员王亚平曾经在太空进行授课，她取出一个陀螺，用手轻推，陀螺竟然翻滚着向前，行进路线变幻莫测。随后她又取出一个陀螺，抽动它后再用手轻推，陀螺绕固定的轴向旋转并向前运动。人们根据这个道理，用陀螺仪来保持方向，系统读取旋转轴的方向并自动将数据传给控制系统。

六、评价反馈

基本素养（30分）				
序号	评价内容	自评	互评	师评
1	纪律（无迟到、早退、旷课）（10分）			
2	安全规范操作（10分）			
3	团结协作能力、沟通能力（10分）			
理论知识（20分）				
序号	评价内容	自评	互评	师评
1	掌握传感器的布局（10分）			
2	掌握传感器的安装流程（10分）			
技能操作（50分）				
序号	评价内容	自评	互评	师评
1	独立完成传感器的布局与安装（50分）			
综合评价				

七、练习与思考题

1）简述传感器的布局。

2）简述移动机器人巡线的原理。

3）常用的传感器有哪些？

任务四　安装控制器及布线

一、学习目标

1）掌握安装控制器及布线的方法。

2）了解控制器及布线的原理。

二、工作任务

完成控制器的安装以及系统的布线。

所需的工具：内六角扳手、螺钉旋具、呆扳手。

三、实践操作

1. 控制器的选位及调试

在移动机器人的机械结构组装完成之后，开始考虑控制器的安装位置，主要影响因素有机器人的配重，布线的方便，控制器的使用、显示、观测方便。具体安装步骤如下：

1）将 myRIO 硬件安装在控制器安装板上，使安装板上的三个铜柱插入 myRIO 背面的三个对应固定孔，如图 1-45、图 1-46 所示。

图 1-45　myRIO 背面及安装板铜柱

图 1-46　myRIO 控制器安装到位

2）将集成控制板（见图 1-47）插入 myRIO 控制器的插线端子孔，并用螺钉将集成控制板固定在铜柱上。

3）将安装板安装在移动机器人的移动机构上。

4）将 Arduino 数据采集模块插入集成控制板。注意：缺口位置要互相对应。Arduino 数据采集模块及其插口位置如图 1-48 所示。

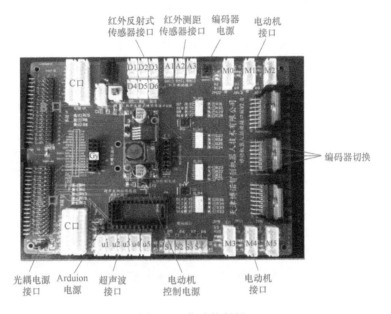

图 1-47 集成控制板

 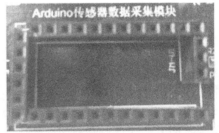

图 1-48 Arduino 数据采集模块及其插口位置

2. 布线细节

注意超声波测距传感器的插线方向和电动机的插线，如图 1-49、图 1-50 所示。如果插反，可能导致设备烧毁。

图 1-49 超声波测距传感器插线方向　　　　图 1-50 电动机的插线

3. 布线

（1）布线原则　布线前，应根据线路要求、负载类型、场所环境等具体情况，设计相应的布线方案，采用适合的布线方式和方法，同时应遵循以下基本原则：

1）选用符合要求的导线。对导线的要求包括电气性能和机械性能两方面。导线的载流量应符合线路负载的要求，并留有一定的余量。导线应有足够的耐压性能和绝缘性能，同时具有足够的机械强度。

2）尽量避免布线中的接头。布线时，应使用绝缘层完好的整根导线一次布放到头，尽量避免布线中的导线接头。因为导线的接头往往会造成接触电阻增大和绝缘性能下降，给线路埋下故障隐患。

3）布线应牢固、美观。

以上原则是在调试前就应该考虑的。

（2）具体的布线步骤

1）控制元件调试完成后，将导线已连接合理的电气元件固定，或用螺钉拧紧，或焊接牢固。

2）将同一走向、长度相近的导线捆扎，或使其穿过有电气连接引脚所在的孔。接线图如图 1-47 所示。图 1-51 所示为完成接线的移动机器人。

四、问题探究

？ 什么是移动机器人的控制系统？

图 1-51　完成接线的移动机器人

1. 控制系统简介

控制系统作为整个移动机器人的核心，对其平稳运行起着十分关键的作用。随着新的控制算法和电子技术的飞速发展，移动机器人正朝着高速度、高精度、开放化、智能化、网络化发展，因此对移动机器人的控制系统也提出了更高的要求。要实现移动机器人精确化、实时化的控制，必须依赖先进的控制策略和性能优良的控制系统，以及高速的微处理器。针对移动机器人的工作特点和工作环境，可以设计不同的控制系统。移动机器人下位机通过 CAN 总线与各个电动机和传感器连接在一起，来控制电动机运动和采集传感器数据；采用基于 TCP/IP 协议的 Socket 连接（长连接）方法将下位机和主控机连接在一起，使主控机准确、及时地向下位机发送命令，同时下位机实时地向主控机发送所采集到的传感器数据。

2. 控制系统的组成

移动机器人的控制系统主要由硬件系统、控制软件、输入/输出设备、传感器等构成。硬件系统包括控制器、执行器、伺服驱动器，控制软件包括各种控制元件的调试软件等。

3. 控制系统的应用

根据不同的用途，控制系统有多种应用，在机器人位置和力控制的前提下，还可以附加各种高级控制。

（1）机器人的变结构控制　在动态控制过程中，变结构控制系统根据当时的状态偏差及各阶导数的变化，以跃变的方式按设定的规律做相应的改变。它是一类特殊的非线性控制系统。例如机器人的滑模变结构控制、机器人轨迹跟踪滑模变结构控制都属于这类控制，顾名思义，机器人的变结构控制应用于轨迹跟踪、巡线等任务。

（2）机器人的自适应控制　自适应控制在机器人上有不少应用，由此派生出自适应机器人，由自适应控制器来控制其操作。自适应控制器具有感觉装置，能够在不完全确定的和局部变化的环境中保持与环境的自动适应，并以各种搜索与自动导引方式执行不同的循环操作。具体应用是这种具有人工智能装置的机器人能够借助于人工智能元件和智能系统，在运行中感受和识别环境，建立环境模型，自动做出决策，并执行这些决策。

（3）机器人的智能控制　具体应用有机器人自适应模糊控制系统和多指灵巧神经控制系统等。

五、知识拓展

电气控制柜布线的常见问题有以下几个方面。

（1）关于电器部分

1）小型断路器输入侧与输出侧接线倒置。

2）电器线圈电压与图样的电压不相符，特别是小型继电器及指示灯的电压易错。

3）电器的正负极性接反。直流电器的内部有很多元件是有正负极性的，如电解电容、晶体管、集成电路等，这些元件对正负极性是非常敏感的，一旦加载负压很容易烧毁。

（2）关于端子压接

1）导线与端子之间未压紧。导线与端子之间需压紧，主要是防止它们之间接触电阻过大。这是因为当大电流通过时，在接触处会形成一个较大的发热电阻，从而加速接触表面氧化，进一步加大接触电阻。这种情况下，对于信号线，会造成信息时断时续；对于动力回路，会烧毁器件及整个控制盘。

处理方法：导线和端子压紧之后用适当的力拉扯，如果是大功率动力回路，需用液压钳并选择当前线径模具逐级向下换取，直至端子与导线之间无缝隙为止。

2）导线线径与端子规格不相符。当导线线径与端子规格不相符时，虽然可以感觉到线拉不出来，但此时导线与端子之间的接触为点接触，接触电阻非常大，还是会造成上述后果。

处理方法：如端子松动或线径与端子规格不符，必须将导线接头回折之后才能进行压紧，以增加接触面积，防止松动。

（3）关于端子插入电器部位

1）将导线插入小型断路器接线端下部，通过反向拧紧螺栓来锁紧端子。表面上看，导线已压牢在断路器上，但实际上因为端子与断路器接线端未充分接触，仍为虚接。

2）端子侧翻或与电器接线处不匹配，即使施加再大的力，端子端面亦与接线处导线不能充分接触。

3）动力回路接线时，色套或线码套套入太靠前，从而直接压在电器导电部位，造成导线与电器导电部分悬空，未充分接触。

4）将端子接入电器部位时，同一部位接入超过两根以上的导线，表面上看导线已牢牢连接，但夹在中间部位的导线接触面积减小，容易引起发热等现象。

（4）关于接线时的紧固

1）螺栓和螺母损坏变形。不要用钢丝钳紧固或松动螺栓或螺母，以防造成损坏；使用活扳手时应先调整好扳手开口，防止将螺栓或螺母夹坏或使其变形，导致其不易拆装。

2）发现难于拆卸的螺栓或螺母时，不要鲁莽行事，防止造成变形而更难拆卸，应适当敲打后拆卸。

3）螺钉旋具与螺钉打滑。用螺钉旋具紧固或松动螺钉时，必须用力使螺钉旋具顶紧螺钉，然后再进行紧固或松动，防止螺钉旋具与螺钉打滑，造成螺钉损伤而不易拆装。

4）螺栓和螺母滑扣。紧固接线用力要适中，防止用力过大而导致螺栓和螺母滑扣。

（5）关于接线 接线作业时，需要特别注意防止铜屑掉入重要电器内，因为铜屑掉入电器内是看不到也检查不到的重大隐患。

六、评价反馈

基本素养（30分）				
序号	评价内容	自评	互评	师评
1	纪律（无迟到、早退、旷课）（10分）			
2	安全规范操作（10分）			
3	团结协作能力、沟通能力（10分）			
理论知识（20分）				
序号	评价内容	自评	互评	师评
1	掌握控制器的安装及布线方法（20分）			
技能操作（50分）				
序号	评价内容	自评	互评	师评
1	独立完成控制器的安装及布线（20分）			
2	独立完成安装及布线记录（20分）			
3	完成校验（10分）			
综合评价				

七、练习与思考题

1. 填空题

1）在移动机器人的机械结构确定完成之后，开始考虑控制器的安装位置，考虑的细节包括机器人的_____，_____，控制器的使用、_____、观测方便。

2）布线前，应根据_____、_____、_____等具体情况，设计相应的布线方案，采用适合的布线方式和方法。

3）机器人的控制系统主要由_____、_____、_____、传感器等构成。硬件系统包括_____、_____、_____；控制软件包括各种控制元件的调试软件等。

2. 简答题

1）简述机器人控制器的安装步骤。

2）简述机器人布线应遵循的基本原则。

3）简述控制系统的组成。

4）简述控制系统的应用。

项目二
LabVIEW 编程基础

任务一 LabVIEW 编程入门——创建 VI

一、学习目标

1）掌握创建 VI 的方法。

2）初步学会使用 LabVIEW 编程。

二、工作任务

使用 LabVIEW 编程环境的图表模式，为 VI 创建图标和连接器。

LabVIEW 入门
V1 的创建

三、实践操作

1. 创建 VI

创建一个测量温度和容积的 VI，首先需要创建一个仿真测量温度和容积的传感器子 VI。步骤如下：

1）新建一个 VI 文件。打开 LabVIEW 软件，选择"文件"→"新建 VI"命令，如图 2-1 所示；系统打开一个新的前面板和程序框图，如图 2-2 所示。

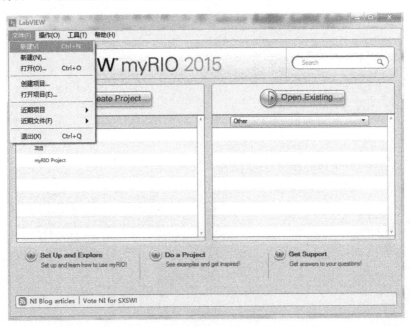

图 2-1　LabVIEW 软件的启动界面

2）创建一个"液罐"控件。在前面板空白处单击鼠标右键，在控件选板"数值"中选择"液罐"并将其拖放到前面板中，双击"液罐"，将其修改为"容积"，如图 2-3 所示。

3）修改"液罐"的显示范围。用鼠标双击刻度值，把容积范围设置为 0～1000。

移动机器人技术应用

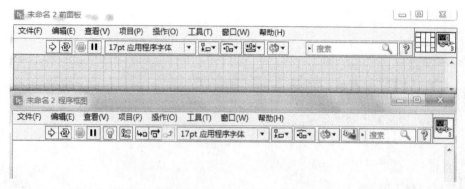

图 2-2　新建 VI 的前面板和程序框图

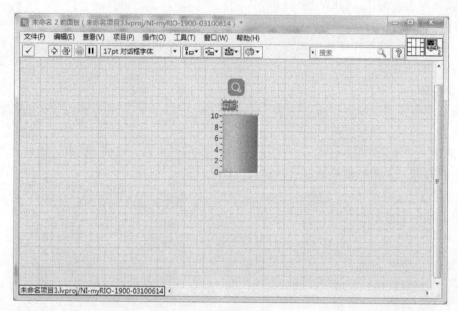

图 2-3　创建容积控件

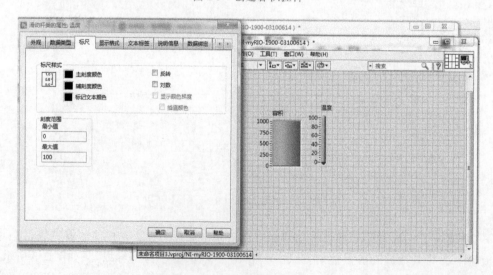

图 2-4　创建温度控件

4）创建一个温度计控件。在前面板空白处单击鼠标右键，在控件选板"数值"中选择"温度计"并将其放到前面板中，设置其标签为"温度"，显示范围为 0～100，同时创建数字显示对象，得到图 2-4 所示的前面板。

5）在前面板创建程序框图中的控件。步骤如下：

① 选择前面板菜单栏中的"窗口"→"显示程序框图"命令，如图 2-5 所示，打开程序框图窗口。

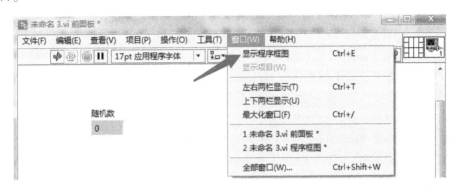

图 2-5　选择"窗口"→"显示程序框图"命令

② 从功能模板中选择一个随机数发生器，将它们置于程序框图上。数据显示对象由软件根据前面板的设置自动生成。在程序框图窗口中的空白处单击鼠标右键，从"数值"栏中拖出"随机数（0-1）"并将其添加到程序框图中，如图 2-6 所示。

图 2-6　程序框图中随机数发生器的位置

6）在程序框图中单击鼠标右键，在"编程"→"数值"中找到"乘"并将其添加到程序框图中。

7）将随机数连接到乘的 X 接线端，在 Y 接线端单击鼠标右键，选择"创建常量"，在常量中输入"100"。

8）将"乘"的 X×Y 接线端连接到温度计的接线端。

9）同上，创建一个相同的容积输入控件，并将其中的常量值设为"1000"。

10）在程序框图中单击鼠标右键，创建 While 循环，将温度及容积控件涵盖，在循环的右下角循环条件处创建输入控件，设置循环的起始条件。

11）在程序框图中单击鼠标右键，选择"定时"→"等待（ms）"将"等待（ms）"函数放置在 While 循环里。在等待时间（ms）处单击鼠标右键，创建常量，设置为"500"。

12）选择"文件"→"保存"命令，选择保存的路径，并将该 VI 命名为"随机数"进行保存。

13）在前面板中，单击"运行"按钮，运行该 VI，运行结果如图 2-7 所示。

14）选择"文件"→"关闭"命令，关闭该 VI。

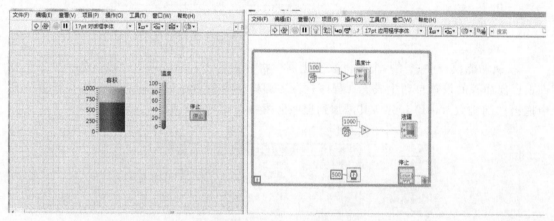

图 2-7　前面板中 VI 运行结果

2. 为 VI 创建图标和连接器

1）新建一个 VI。在程序框图单击鼠标右键，选择"数值"里的"随机数"并将其添加到程序框图中；在随机数的接线端单击鼠标右键，创建显示控件，保存 VI，并命名为"随机数 .vi"，如图 2-8 所示。

2）打开文件"随机数 .vi"。

3）打开"编辑图标"对话框。在前面板窗口右上角的图标处单击鼠标右键，在打开的快捷菜单中选择"编辑图标"命令。也可以通过双击图标来激活图标编辑器（只能在前面板中编辑图标和连接器）。

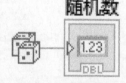

图 2-8　随机数

4）删除默认图标。使用"选择"命令（矩形框），通过单击并拖动鼠标来选中想要删除的部分，按下<Delete>键。也可以通过双击工具框中的阴影矩形来删除图标。

5）创建文本。在图标编辑器中，用"文本"工具创建"博诺随机数"文本，得到图标如图 2-9 所示。

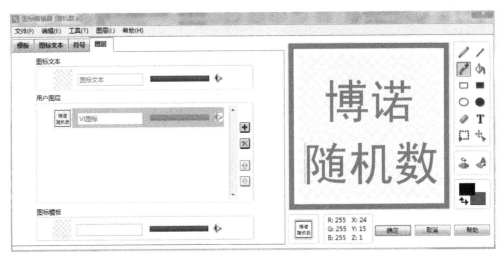

图 2-9　在图标编辑器中创建文本

6）单击"确定"按钮，关闭图标编辑器。新建的图标显示在屏幕右上角的图标窗口中。

7）设置"VI 属性"。用鼠标右键单击前面板右上角连接器图标 ，选择"模式"，在子菜单中选择第一个端子。注意连接器窗口的变化。

8）将端子连接到随机数输出。

①　单击连接器上部端子，光标自动变成连线工具，同时端子显示为黑色。

②　单击温度显示对象，当鼠标移至显示对象位置时，四周显示为虚线框，选中的端子显示为与控制/显示对象的数据类型一致的颜色，如图 2-10 所示。

如果单击前面板中的任何空白区域，虚线消失，选中的端子显示颜色变暗，这表示已经成功地将显示对象和上部端子连接起来。如果端子显示为白色，则表示没有连接成功。

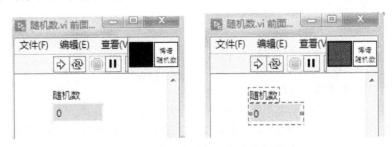

图 2-10　连接端子与控制/显示对象

9）选择"文件"→"保存"命令，保存该 VI。

至此，这个 VI 就可以作为子 VI 被其他的 VI 调用了。子 VI 被调用后，显示为相应的图标。

10）子 VI 的调用。新建一个 VI，并调用"随机数 . vi"，运行并观察效果，具体操作步骤为：在前面板中添加一个数值显示控件，按下<Ctrl+E>，打开程序框图，将保存好的"随机数 . vi"拖入程序框图中，并对子 VI 进行连线，如图 2-11、图 2-12 所示。单击前面板的运行按钮，查看运行结果，如图 2-13 所示。

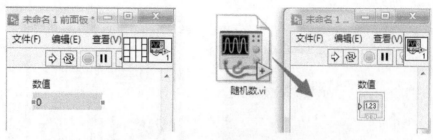

图 2-11　子 VI 的调用

图 2-12　子 VI 的连接

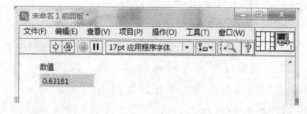

图 2-13　运行结果

四、问题探究

❓ 什么是 LabVIEW 编程系统，使用 LabVIEW 编程系统能做什么？

1. LabVIEW 编程系统简介

LabVIEW（Laboratory Virtual Instrument Engineering）编程系统是一种图形化的编程语言，它广泛地应用于工业界、学术界和各类研究实验室，可被视为一个标准的数据采集和仪器控制软件。LabVIEW 集成了满足通用接口总线（General-Purpose Interface Bus，GPIB）、VXI 总线、RS-232 协议和 RS-485 协议的硬件及数据采集卡通信的全部功能。它还内置有便于应用 TCP/IP、Acvex 等软件标准的库函数。利用它用户可以方便地建立自己的虚拟仪器，其图形化的界面也使得编程及使用过程都变得生动有趣。

图形化的程序语言又称为 G 语言。使用这种语言编程时，用户基本不需要编写程序代码，而是使用程序框图。它尽可能利用技术人员、科学家、工程师所熟悉的术语、图标和概念。因此，LabVIEW 是一个面向最终用户的工具。利用 LabVIEW 软件，用户可生成独立运行的可执行文件。LabVIEW 提供了 Windows、UNIX、Linux、Macintosh 多种系统版本，也就是说，用户在用 LabVIEW 编程时，面对的不是高度抽象的文本语言，而是图形化语言。

2. LabVIEW 的特点

（1）直观、易学易用　与 Visual C++、Visual Basic 等计算机编程语言相比，LabVIEW 有一个重要的不同点：不采用基于文本的语言产生代码行，而是使用图形化编程语言——G 语言编写程序；生成的程序是框图的形式，用框图代替传统的程序代码。

（2）通用编程系统　LabVIEW 的功能并没有因图形化编程而受到限制，依然具有通用编程系统的特点。LabVIEW 有一个可完成任何编程任务的庞大的函数库，该函数库包括具有数据采集、GPIB 通信、串口控制、数据分析、数据显示及数据存储等功能的函数。

LabVIEW 也有传统的程序调试工具，如设置断点、以动画方式显示数据及其通过程序的结果、单步执行等，便于程序的调试。利用 LabVIEW 的动态连续跟踪方式，可以连续、动态地观察程序中的数据及其变化情况，比其他语言的开发环境更方便、更有效。

（3）模块化　LabVIEW 中使用的基本节点和函数就是一个个小模块，用户可以直接使用。另外，用 LabVIEW 编写的程序——虚拟仪器（Virtual Instrument，VI）模块，除了可作为独立程序被运行外，还可作为另一个虚拟仪器模块的子模块（即子 VI）供其他模块程序调用。

3. LabVIEW 的应用领域

（1）测试测量　LabVIEW 最初是为测试测量而设计的，主流的测试仪器、数据采集设备都拥有专门的 LabVIEW 驱动程序，用户在 LabVIEW 中可以十分方便地找到各种适用于测试测量工具包，有时甚至只需简单地调用几个工具包中的函数，就可以生成一个完整的测试测量应用程序。

（2）控制　LabVIEW 拥有专门用于控制领域的模块——LabVIEW DSC 模块。除此之外，工业控制领域常用的设备、数据线等也有相应的 LabVIEW 驱动程序，用户可以非常方便地调用各种控制程序。

（3）仿真　LabVIEW 包含多种数学运算函数，特别适合进行模拟、仿真、原型设计等工作。

（4）快速开发　完成一个功能类似的大型应用软件，熟练的 LabVIEW 程序员所需的开发时间大概只是熟练的 C 语言程序员所需时间的 1/5 左右。所以，如果项目开发时间紧张，应该优先考虑使用 LabVIEW，以缩短开发时间。

（5）跨平台　LabVIEW 具有良好的平台一致性。LabVIEW 的代码不需任何修改就可以运行在常见的 Windows 系统、Mac OS 系统及 Linux 系统上。除此之外，LabVIEW 还支持各种实时操作系统和嵌入式设备，如常见的掌上电脑、现场可编程门阵列电路模块以及 VxWorks 系统和 PharLap 系统上运行的 RT（Real Time）设备。

4. LabVIEW 编程环境

所有的 LabVIEW 应用程序，即虚拟仪器（VI），都包括前面板（Front panel）、程序框图（Block diagram）以及图标/连结器（Icon/Connector）三部分。典型的 LabVIEW 程序结构如图 2-14 所示，首先需要根据用户需求制订合适的界面，这个界面主要是在前面板中设计，包括放置各种输入/输出控件、说明文字和图片等，然后在程序框图中进行编程，以实现具体的功能。设计时以上两步骤应交叉进行。

（1）启动界面　以 LabVIEW2015 中文版为例，启动 LabVIEW 软件时，显示 LabVIEW

启动界面，如图 2-15 所示。在这个界面中可新建 VI、选择最近打开的 LabVIEW 文件、查找范例以及打开 LabVIEW 帮助，同时还可查看各种信息和资源，如用户手册、帮助主题以及 National Instruments 公司官网 https：//www. ni. com 上的各种资源等。

（2）前面板　前面板是创建 VI 的人机界面。创建 VI 时，先设计前面板，然后设计程序框图，执行在前面板上创建的输入/输出任务。选择新建或打开一个已有的 VI 时，弹出图 2-16 所示的前面板界面。

1）菜单栏：菜单用于操作和修改前面板和程序框图上的对象。VI 窗口顶部的菜单为通用菜单，同样适用于其他程序，如打开、保存、复制和粘贴，以及其他特殊操作。

2）工具栏：工具栏按钮用于运行、中断、终止、调试 VI、修改字体、对齐、组合、分布对象。

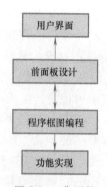

图 2-14　典型的 LabVIEW 程序结构

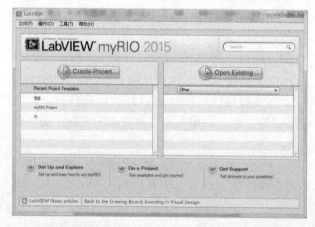

图 2-15　LabVIEW 启动界面

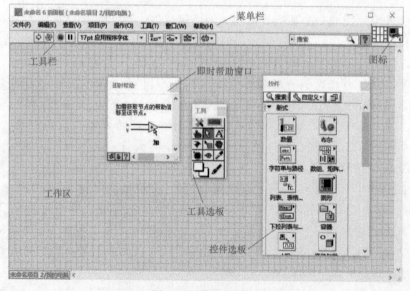

图 2-16　前面板界面

3）即时帮助窗口：选择"帮助"→"显示即时帮助"命令，显示即时帮助窗口。将光标移至一个对象上，即时帮助窗口中显示该对象的基本信息。VI、函数、常数、结构、选板、属性、方式、事件、对话框和项目浏览器中的项均有即时帮助信息。即时帮助窗口还可帮助用户确定 VI 或函数的连线位置。

4）图标：图标是 VI 文件的图形化表示，可包含文字、图形或图文组合。如果将 VI 当作子 VI 调用，程序框图上将显示该子 VI 的图标。

5）控件选板：控件选板提供了创建虚拟仪器等程序面板所需的输入控件和显示控件，仅能在前面板窗口中打开。

6）工具选板：在前面板和程序框图中都可看到工具选板。工具选板上的每一个工具都对应于鼠标的一个操作模式。光标对应于工具选板上所选择的工具图标。用户可选择合适的工具对前面板和程序框图上的对象进行操作和修改。

（3）程序框图　创建前面板后，可通过图形化的函数添加源代码，从而对前面板对象进行控制。程序框图中包括前面板上的控件的接线端，还有一些编程必需的东西，如函数、结构和连线等。程序框图如图 2-17 所示。

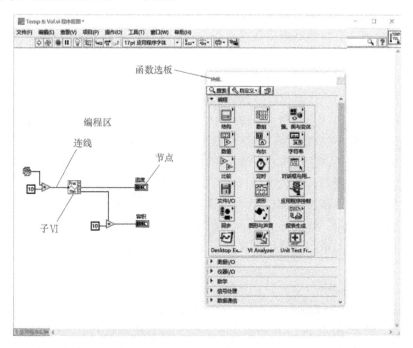

图 2-17　程序框图

1）函数选板：函数选板中包含创建程序框图所需的 VI 图标和函数，既有大量专用的信号处理、信号运算等 VI 图标，也有各种数值运算、逻辑运算的基本 VI 图标。按照 VI 图标和函数的类型，将其归入不同子选板中。

程序框图对象包括接线端和节点，将各个对象用连线连接便可创建程序框图。

2）接线端：前面板对象在程序框图中显示为接线端。它是前面板和程序框图之间交换信息的输入/输出端口。输入到前面板输入控件的数据经由输入控件接线端进入程序框图。运行时，输出数据经由显示控件接线端流出程序框图而重新进入前面板，最终显示在前面板显示控件中。

3）节点：节点是程序框图上的对象，带有输入/输出端，在运行 VI 时进行运算。节点类似于文本编程语言中的语句、运算符、函数和子程序。LabVIEW 有以下类型的节点：

① 函数：内置的执行元素相当于操作符、函数或语句，它是 Lab VIEW 中最基本的操作元素。

② 子 VI：用于另一个 VI 程序框图上的 VI，相当于子程序。

③ Express VI 文件：LabVIEW 中自带的协助常规测量任务的子 VI，其功能强大、使用便捷，但付出的代价是效率较低。所以，它不适用于效率要求较高的程序。

④ 结构：执行控制元素，如 For 循环、While 循环、条件结构、平铺式和层叠式顺序结构、定时结构和事件结构。

⑤ 多态 VI 和函数——可根据输入数据类型的不同而自动调整操作数据类型。例如读/写配置文件的 VI 时，它们既可以读/写数值型数据，也可以读/写字符串、布尔数据等。

五、知识拓展

虚拟仪器是利用高性能的模块化硬件，结合高效、灵活的软件来完成各种测试、测量和自动化的应用。LabVIEW 为开发虚拟仪器的软件程序，用户只需通过软件技术和相应的数值算法，就能实时地、直接地对测试数据进行各种分析与处理，透明地操作仪器硬件，方便地构建出模块化仪器。

1. 电子测量仪器的发展

电子测量仪器可分为四代：模拟仪器、数字化仪器、智能仪器和虚拟仪器。第一代为模拟仪器，如指针式万用表、晶体管电压表等。第二代为数字化仪器，这类仪器目前相当普及，如数字电压表、数字频率计等。数字化仪器将模拟信号的测量转化为数字信号测量，并以数字方式输出最终结果，适用于要有快速响应和具有较高准确度的测量。第三代为智能仪器，这类仪器内置微处理器，既能进行自动测试又具有一定的数据处理能力，可取代部分脑力劳动。智能仪器的功能模块全部以硬件（或固化的软件）的形式存在，相对虚拟仪器而言，无论是开发还是应用，都缺乏灵活性。第四代为虚拟仪器，它是现代计算机技术、通信技术和测量技术相结合的产物，是传统仪器观念的一次巨大变革，是仪器产业发展的一个重要方向。

2. 虚拟仪器及其特点

虚拟仪器（Virtual instrument）是基于计算机的仪器，是美国国家仪器公司（National Instruments Corp，简称 NI 公司）于 1986 年提出的。计算机和仪器的密切结合是目前仪器发展的一个重要方向。粗略地说，这种结合有两种方式。一种方式是将计算机装入仪器，其典型的例子就是智能化仪器。随着计算机功能的日益强大及体积的日趋缩小，这类仪器的功能也越来越强大，目前已经出现含嵌入式系统的仪器。另一种方式是将仪器装入计算机，以通用的计算机硬件及操作系统为依托，实现各种仪器功能，其主要应用就是虚拟仪器。虚拟仪器是由计算机硬件资源、模块化仪器硬件和用于数据分析、过程通信及图形用户界面的软件组成的测控系统。虚拟仪器技术的出现彻底打破了传统仪器由厂家定义、用户无法改变的模式，给用户一个充分发挥自己才能、想象力的空间。用户可以根据自己的要求，设计自己的仪器系统，满足多样的应用需求。

与传统仪器相比，虚拟仪器有以下优点：

1）突破了传统仪器在数据处理、显示、存储等方面的限制，大大增强了传统仪器的功能。高性能处理器、高分辨率显示器、大容量硬盘等已成为虚拟仪器的标准配置。

2）利用计算机丰富的软件资源，实现了部分仪器硬件的软件化，节省了物质资源，增加了系统灵活性；通过软件技术和相应数值算法，实时地、直接地对测试数据进行各种分析与处理；通过图形用户界面（GUI）技术，真正做到界面友好、人机交互。

3）基于计算机总线和模块化仪器总线，实现了仪器硬件模块化、系列化，大大缩小了系统尺寸，可方便地构建模块化仪器。

4）基于计算机网络技术和接口技术，VI 系统具有方便、灵活的互联性，广泛支持如现场总线（Field bus）等各种工业总线标准。因此，利用 VI 技术可方便地构建自动测试系统（Automatic Test System，ATS），实现测量、控制过程的网络化。

5）基于计算机的开放式标准体系结构，虚拟仪器的硬件、软件都具有开放性模块化、可重复使用及互换性等特点。因此，用户可根据自己的需要，选用不同厂家的产品，使仪器系统的开发更为灵活、效率更高，缩短系统组建时间。

六、评价反馈

基本素养（30 分）				
序号	评价内容	自评	互评	师评
1	纪律（无迟到、早退、旷课）（10 分）			
2	安全规范操作（10 分）			
3	团结协作能力、沟通能力（10 分）			
理论知识（20 分）				
序号	评价内容	自评	互评	师评
1	对 LabVIEW 中各个 VI 函数的理解（10 分）			
2	对三种图表模式的理解（10 分）			
技能操作（50 分）				
序号	评价内容	自评	互评	师评
1	完成具有测量功能的 VI 创建（10 分）			
2	完成 VI 中图表的修改（10 分）			
3	完成三种图表模式的修改（15 分）			
4	程序能够完整运行（10 分）			
5	程序界面美观（5 分）			
综合评价				

七、练习与思考题

1. 填空题

1）LabVIEW 编程语言为_____，这种语言在编程时采用_____的形式。LabVIEW 的应用领域为_____、_____、_____、_____ 和_____等。

2）VI 是_____的缩写，它的扩展名为_____，它的功能是_____。

3）图表有＿＿＿＿＿＿＿、＿＿＿＿＿＿＿和＿＿＿＿＿＿＿三种模式。

2. 简答题

1）简述创建一个 VI 的步骤。

2）简述三种图表模式的区别。

3. 操作题

1）创建一个测量温度和容积的 VI，修改该 VI 的图标和连接器。

2）创建一个程序，使其能够通过滑动杆得到数值，通过量表、温度计、液罐输出显示。

任务二 程序结构设计

一、学习目标

1）掌握 LabVIEW 中 While 循环、移位寄存器、For 循环、选择结构、顺序、公式节点的使用方法。

2）掌握 LabVIEW 中程序结构的定义、概念、运行机制、操作注意事项。

二、工作任务

1）生成图表并显示随机数。

2）在图表中显示运行平均数。

3）用 For 循环和移位寄存器计算一组随机数的最大值。

4）检查一个数值是否为正数。如果它是正的，就执行 VI 计算其平方根；反之，显示出错。

5）计算生成等于某个给定值的随机数所需要的时间。

6）用公式节点计算下列等式：$y1 = x^3 - x^2 + 5$，$y2 = mx + b$。

三、实践操作

1. 使用 While 循环和图表

创建一个可以生成随机数并在图表中显示该随机数的 VI。前面板中有一个控制旋钮，用于在 0~10s 范围内调节循环时间；此外还有一个开关，用于中止 VI 的运行。应学会改变开关的动作属性，以免每次运行 VI 时都要打开开关。操作步骤如下：

1）新建一个 VI。选择"文件"→"新建 VI"命令，打开一个新的前面板。

2）创建布尔控件。用鼠标右键单击前面板空白处，在控件选板中选择"布尔"，如图 2-18 所示，将"垂直滑动杆开关"拖入前面板中，即可在前面板中放置一个开关。设置此开关的标签为"控制开关"，使用标签工具（见图 2-19）创建"ON"和"OFF"标签，并将其放置于开关旁。

3）创建波形图表。用鼠标右键单击前面板空白处，在控件选板中选择"图形"，将"波形图表"函数拖入前面板中即可。如图 2-20 所示，设置其标签为随机信

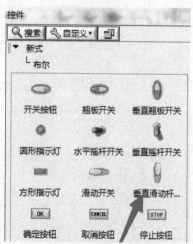

图 2-18 垂直滑动杆开关

图 2-19　标签工具

号；这个波形图表用于实时显示随机数，要求把图表的纵坐标范围改为 0~1，方法是用标签工具把最大值从 10 改为 1，把最小值-10 改为 0。图 2-21 所示为波形图表的纵坐标修改前后。

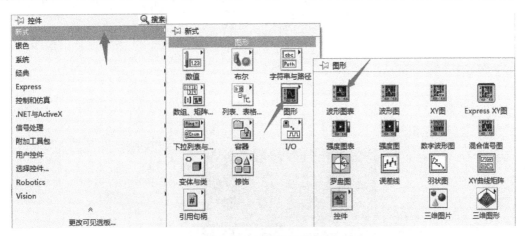

图 2-20　新建波形图表

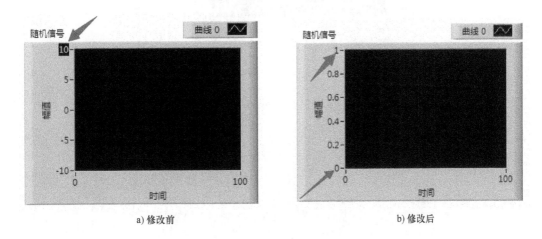

a) 修改前　　　　　　　　　　　　　　　　b) 修改后

图 2-21　波形图表纵坐标修改前后

4）创建旋钮控件。在前面板空白处单击鼠标右键，在控件选板中依次选择"数值"→"旋钮"，如图 2-22 所示，即可在前面板中放置一个旋钮。设置该旋钮的标签为循环延时，用于控制 While 循环的循环时间。创建好的前面板如图 2-23 所示。

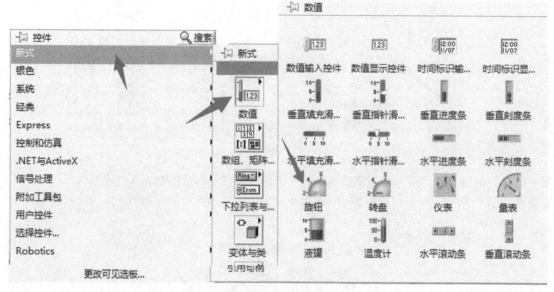

图 2-22　创建旋钮控件

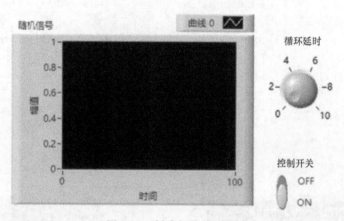

图 2-23　创建好的前面板

5）按下<Ctrl+E>组合键，打开程序框图，建立 While 循环。如图 2-24 所示，在程序框

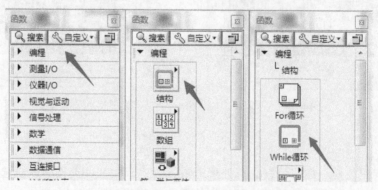

图 2-24　While 循环

图面板的空白处单击鼠标右键，选择"编程"→"结构"→"While 循环"，把它放置在程序框图中，然后将其拖至适当大小，将相关对象移到循环圈内。

6）创建"随机数（0-1）"节点。在程序框图面板的空白处单击鼠标右键，选择"编程"→"数值"→"随机数（0-1）"，将"随机数（0-1）"功能函数放到循环内，如图 2-25 所示。

7）创建"等待（ms）"节点。在循环中设置"等待（ms）"函数（用鼠标右键单击程序框图空白处，选择"编程"→"定时"→"等待（ms）"，如图 2-26 所示），该函数的时间单位是 ms。按照目前面板旋钮的标度，可将每次执行时间延迟 0~10ms。

图 2-25　创建"随机数（0-1）"节点

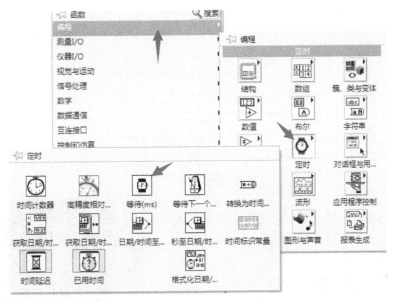

图 2-26　创建"等待（ms）"节点

8）连线。按照图 2-27 所示程序框图连线，把随机数功能函数和随机信号图表输入端子连接起来，并把控制开关和 While 循环的条件端子连接起来。

图 2-27　程序框图

使用 While 循环和图表

9）返回前面板，调用操作工具后单击控制开关将它打开。

10）把该 VI 命名为"Random Signal"并保存。

11）执行该 VI。While 循环的执行次数是不确定的，只要设置的条件为真，循环程序就会持续运行。在本任务中，只要开关打开（假），框图程序就一直生成随机数，并将其显示在图表中，如图 2-28 所示。

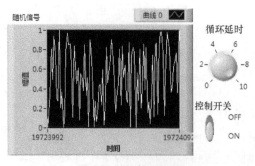

图 2-28　程序运行图

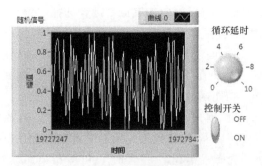

图 2-29　程序停止图

12）单击控制开关，中止运行该 VI。关闭开关这个动作会给循环条件端子发送一个真值，从而中止循环，如图 2-29 所示。

13）用鼠标右键单击图表，选择"数据操作"→"清除图表"，即可清除显示缓存，重新设置图表。

2. 使用移位寄存器

创建一个可以在图表中显示运行平均数的 VI。

1）新建一个 VI，按照图 2-30 所示创建前面板。

2）创建波形图表，将纵坐标范围改为 0~2，如图 2-30 所示。

3）创建布尔控件并修改其属性。布尔控件的创建同前。修改完纵坐标之后，用鼠标右键单击"布尔"，在快捷菜单中选择"机械动作"→"单击时转换"，再选择"数据操作"→"当前值设置为默认值"，即可把"ON"状态设置为默认状态，如图 2-31 所示。

4）打开程序框图，添加 While 循环。

5）创建移位寄存器。用鼠标右键单击 While 循环的左（右）边框，在弹出的快捷菜单中选择"添加移位寄存器"。用鼠标右键单击寄存器的左端子，在弹出的快捷菜单中选择"添加元素"，添加一个寄存器，用同样的方法创建三个寄存器，如图 2-32 所示。

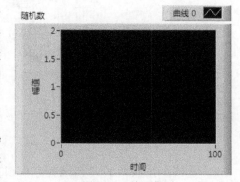

图 2-30　前面板

6）创建"随机数（0-1）"函数。

7）创建"复合运算"函数（在程序框图空白处单击鼠标右键，选择"编程"→"数值"→"编合运算"，如图 2-33 所示）。在本 VI 中，它将返回两个周期产生的随机数的和。如果要加入其他的输入，只需用右键单击某个输入，在弹出的快捷菜单中选择"添加输入"。

8）创建除法函数。在程序框图空白处单击鼠标右键，选择"编程"→"数值"→"除法函数"。在本 VI 文件中，除法函数用于返回最近生成的四个随机数的平均值。

9）创建数值常数。在程序框图空白处单击鼠标右键，选择"编程"→"数值"→"数值常数"。在 While 循环的每个周期，"随机数（0-1）"函数产生一个随机数，VI 把这个数加入到存储在寄存器中最近生成的三个数值中。"随机数（0-1）"函数再将结果除以 4，得到这些数的平均值，然后再将这个平均值显示在波形图表中。

使用移位寄存器

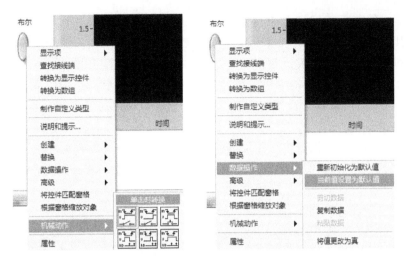

图 2-31　修改布尔控件属性

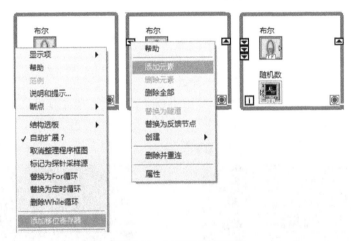

图 2-32　创建移位寄存器

图 2-33　创建复合运算

10）创建"等待下一个整数倍毫秒"函数。在程序框图空白处单击鼠标右键，选择"编程"→"定时"→"等待下一个整数倍毫秒"。该函数可确保循环的每个周期不会比毫秒输入快。在本 VI 中，毫秒输入的值是 500。用鼠标右键单击"等待下一个整数倍毫秒"功能函数的输入端子，在弹出的快捷菜单中选择"创建常量"，显示一个数值常数，并自动与功能函数连接。将"时间常数"设置为 500，表示设置为 500ms 的等待时间。因此，循环每半秒执行一次。

注意：该 VI 用一个随机数作为移位寄存器的初始值。如果没有为移位寄存器端子设置初始值，那么它就使用默认值或上次运行结束时的数值作为初始值，因此，开始得到的平均数没有任何意义。

显示运行平均数的程序框图如图 2-34 所示。

11）把该 VI 命名为"Random Average"并保存。

12）执行该 VI，观察程序运行过程，图 2-35 所示为程序运行图。

附注：关于移位寄存器的初值，前面对移位寄存器设置了初值 0.5。如果不设置这个初值，那么默认的初值是 0。在这个例子中，一开始的

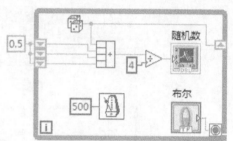

图 2-34　显示运行平均数的程序框图

计算结果是不对的，只有循环完三次后，移位寄存器中的过去值才填满，即第四次循环执行后才可以得到正确的结果。

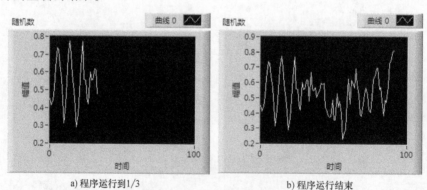

a）程序运行到 1/3　　　　b）程序运行结束

图 2-35　程序运行图

3. 使用 For 循环

用 For 循环和移位寄存器计算一组随机数的最大值。

1）新建一个 VI，创建图 2-36a 所示的前面板。

使用 For 循环

2）将一个数字显示对象放在前面板，设置其标签为"最大值"。

3）创建一个波形图表，设置其标签为"随机数"。将波形图表的纵坐标范围改为 0~1。在图表的快捷菜单中选择"显示项"→"数字显示"和"X 滚动条"，并隐藏"图例"。用移位工具修改滚动栏的大小。

4）在程序框图中放置一个 For 循环。在程序框图空白处单击鼠标右键，选择"编程"→"结构"→"For 循环"。在 For 循环的边框处单击鼠标右键，在弹出的快捷菜单中选择"添加移位寄存器"。

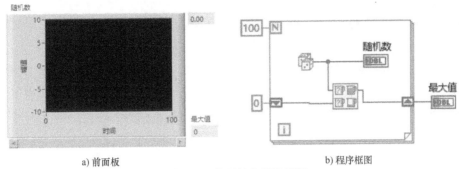

a) 前面板　　　　　　　　　　　　　b) 程序框图

图 2-36　前面板和程序框图

5) 将下列对象添加到程序框图中。

① "随机数（0-1）"函数。该函数可生成 0~1 的某个随机数。

② "数值常数"。在这个练习中需要将移位寄存器的初始值设为 0。

③ "最大值与最小值"函数。该函数的作用是：输入两个数值，函数将它们中的最大值输出到右上角，最小值输出到右下角。本任务中只需要最大值，因此只需连接最大值输出。

④ "数值常数"。需要为 For 循环规定执行次数。本任务中是 100 次。

按照图 2-36b 所示连接各个端子。

6) 将该 VI 命名为 Calculate Max 并保存。运行该 VI。

4. 使用条件结构

创建一个 VI，以检查一个数值是否为正数。如果该数值为正，执行 VI 计算其平方根，否则显示出错。

1) 新建一个 VI 打开一个空白的前面板，并按照图 2-37 所示创建前面板。控制对象"数值"用于输入数值，显示对象"平方根"用于显示该数值的平方根。

2) 创建程序框图，如图 2-37 所示。

使用条件结构

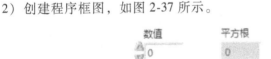

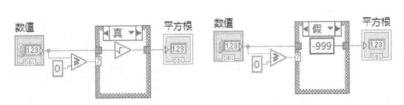

图 2-37　创建程序框图

① 创建一个条件结构。在程序框图的空白处单击鼠标右键，选择"编程"→"结构"→"条件结构"，并将其放置在程序框图中。条件结构是一个大小可以改变的方框。先编程"真"的情况，如图 2-37 中程序框图左半部分所示。

② 创建"大于等于 0"函数。在程序框图空白处单击鼠标右键，选择"编程"→"比较"→"大于等于 0"，并将其放置在程序框图中。如果输入数值大于或者等于 0，该函数

就返回一个真值。

③创建"平方根函数"。在程序框图空白处单击鼠标右键，选择"编程"→"数值"→"平方根函数"，并将其放置在程序框图中。该函数用来返回输入数值的平方根。

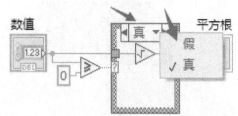

图 2-38　"假"情况的编程

④连线。连好线后，单击条件结构选择框上的选择按钮，勾选"假"，转入"假"情况的编程，如图 2-38 所示。

⑤创建"数值常数"。在程序框图空白处单击鼠标右键，选择"编程"→"数值"→"数值常数"。该常数用于显示错误的代数值"–999"。

创建的 VI 在"真"或者"假"情况下都会执行。如果输入的数值大于或等于 0，VI 会执行"真"情况，返回该数的平方根，否则输出"–999"。

3）返回前面板，运行该 VI。修改标签为"数值"的数字式控制对象的值，分别尝试输入一个正数和负数。当把数字式控制对象的值改为负数时，LabVIEW 程序会显示条件结构的"假"中设置的出错信息。

4）保存该 VI 文件名为"Square Root"。

5. 使用顺序结构

创建一个 VI，计算生成等于某个给定值的随机数所需要的时间。

1）新建一个 VI，打开前面板，并按照图 2-39 所示创建前面板。"给定数据"是 0~100 的整数。"当前值"用于显示当前产生的随机数。"执行次数"用于显示达到指定值时循环执行的次数。"匹配时间（秒）"用来显示达到指定值所用的时间。

使用顺序结构

图 2-39　前面板

2）在程序框图中创建顺序结构。在程序框图空白处单击鼠标右键，选择"编程"→"结构"→"顺序结构"，如图 2-40 所示。用鼠标右键单击帧的右边框，在弹出的快捷菜单中选择"在后面添加帧"，创建一个新帧。重复这一步骤，共创建三帧，如图 2-41 所示。

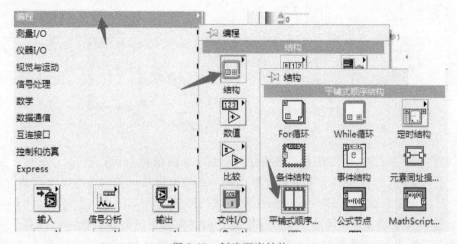

图 2-40　创建顺序结构

3）选中第 0 帧，设置读取初始时间（子）程序。

4）创建"时间计数"函数。在程序框图空白处单击鼠标右键，选择"Real-Time"→"RT Timing"→"时间计数"，如图 2-42 所示。"时间计数"函数可以输出从程序启动到现在的时间（以 μs 为单位）。本例中需要使用两次该函数，在第 2 帧中还需要使用。

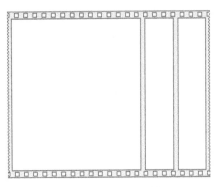

图 2-41 三帧顺序结构

5）连线。转入第 1 帧。该帧是匹配计算，内含一个 While 循环结构，右键结束条件改成"真时继续"。图 2-43 中使用的新函数如下：

① "最近数取整"函数。在本任务中，它用于取最接近 0～100 之间的随机数的整数。

② "不等于?"函数。在本任务中，它将随机数和前面板中设置的数相比较，如果两者不相等就返回"TRUE"值，否则返回"FALSE"值。

③ "加 1"函数。在本任务中，它用来给 While 循环的计数器加 1。

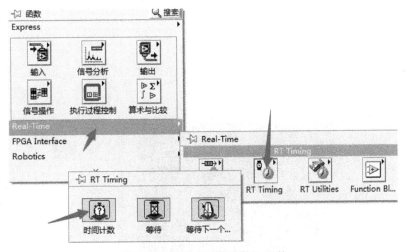

图 2-42 创建"时间计数"函数

6）按图 2-43 所示连线，转入第 2 帧。在第 0 帧，"时间计数"函数以 ms 为单位表示当前时间值。该时间值被连到第 2 帧中。在第 1 帧中，只要函数返回的值与指定值不等，VI 就会持续执行 While 循环。在第 2 帧中，"时间计数"函数以 ms 为单位返回新的时间值。VI 从中减去原来的时间值（由第 0 帧通过顺序局部变量提供），即可计算出花费的时间。

7）返回前面板，在"给定数据"控制对象中输入一个数值，运行程序，结果如图 2-44 所示，把该 VI 命名为"Time to Match"并保存。

6. 使用公式节点

创建一个 VI，利用公式节点计算下列等式：

$$y1 = x^3 - x^2 + 5$$

$$y2 = mx + b$$

x 的范围是 0～10。可以对这两个公式使用同一个公式节点，并在同一个图表中显示

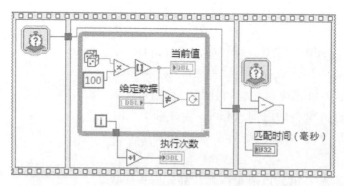

图 2-43　程序框图（共 3 帧）

结果。

1）新建一个 VI，打开前面板，按照图 2-45 所示（该图中包含运行结果）创建前面板中的对象。波形图（Waveform Graph）显示对象用于显示等式的图形。该 VI 使用两个数字式控制对象来输入 m 和 b 的值。

2）创建 For 循环结构和公式节点结构，如图 2-46 所示。

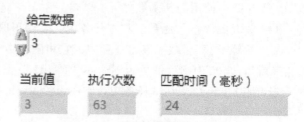

图 2-44　顺序结构程序运行结果

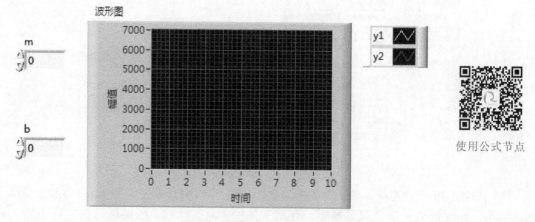

图 2-45　前面板

使用公式节点

3）按照图 2-47 所示创建程序框图。

4）在创建某个输入或者输出端子时，必须为其指定一个变量名。这个变量名必须与公式节点中使用的变量名完全相符。

5）添加输入、输出端子。公式节点中，在边框上单击鼠标右键，在弹出的快捷菜单中选择"添加输入"，创建三个输入端子。用同样的方法，在快捷菜单中选择"添加输出"，创建输出端子。

6）创建数组。在程序框图空白处单击鼠标右键，选择"编程"→"数组"。在本例中，该数组的作用是将两个数据构成数组形式，这个数组可在一个多曲线的图形中显示，进而间接实现

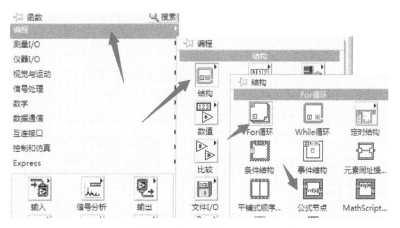

图 2-46　创建 For 循环结构和公式节点结构

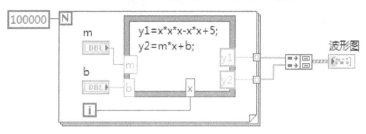

图 2-47　创建程序框图

了在同一个多曲线的图形中显示两个数据。通过用变形工具拖拉边角即可创建两个输入端子。

7）返回前面板，把该 VI 文件名保存为 "Equations"，尝试给 m 和 b 赋予不同的值后运行该 VI，运行结果如图 2-48 所示。

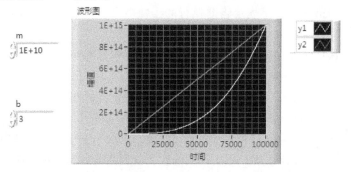

图 2-48　运行结果

四、问题探究

 什么是 While 循环？

While 循环是一种循环语句，也是计算机的一种基本循环模式。其基本原理是：当满足循环条件时进入循环，不满足时则跳出循环。

当 While 循环开始后，先判断循环条件是否满足，如果满足就执行循环体内的语句，执行完毕后再判断循环条件是否满足……如此无限重复，直到循环条件不满足时，程序执行 While 循环后边的语句。

当给定的循环条件为真时，While 循环语句重复执行一个目标语句。

? 什么是移位寄存器？

在循环结构中经常用到一种数据处理方式，即把第 i 次循环执行的结果作为第 $i+1$ 次循环的输入，LabVIEW 循环结构中的移位寄存器可以实现这种功能。

移位寄存器在循环结构框的左右两侧是成对出现的，一个移位寄存器右侧的端子只能有一个元素，而左侧的端子可以有多个元素。移位寄存器的颜色和输入数据类型的系统颜色相同，在数据为空（没有输入）时显示为黑色。

? 什么是 For 循环？

For 循环是编程语言中一种开界的循环语句，由循环体及循环次数两部分组成。

For 循环会重复执行规定的循环体内的代码，只有当执行规定的次数后，循环才结束。

? 什么是条件结构？

条件结构又称为 CASE 结构，用于判断给定的条件，并且根据判断的结果来控制程序的流程。

条件结构默认有两个分支，即真、假。可以自行添加分支，执行条件结构时根据选择器的输入来选择对应分支。

? 什么是顺序结构？

顺序结构与电影胶片、照相机内的胶卷类似，它是按照顺序一帧接一帧地运行的。顺序结构由一帧或多帧图框组成。在顺序结构中，每一个子图框称为一帧。

选择器标签中的第一个数字表示当前执行的子帧序号，选择器标签中括号里的数字表示该结构包含子帧的最大值和最小值。

顺序结构可以保证程序的分步进行，使程序更有逻辑性和可读性。

五、知识拓展

荷兰学者 E. W. Dijkstra 在 1965 年提出了结构化程序设计思想，他规定了一套方法，使程序具有合理的结构，以保证和验证程序的正确性。这种方法要求程序设计者不能随心所欲地编写程序，而要按照一定的结构形式来设计和编写程序，它的一个重要目的是使程序具有良好的结构，使程序易于设计，易于理解，易于调试修改，以提高设计和维护程序工作的效率。

结构化程序以如下三种基本结构作为程序的基本单元：

（1）顺序结构　在这种结构中，各模块只能顺序执行，如图 2-49 所示。

（2）判断条件结构　根据给定的条件是否满足，从而判断是执行 A 模块还是 B 模块，如图 2-50 所示。

（3）循环结构　图 2-51 所示为"当型"循环。当给定的条件满足时执行 A 模块，否则不执行 A 模块而直接跳到下面部分执行。图 2-52 所示为"直到型"循环，它的含义是：执行 A 模块直到满足给定的条件为止（满足了条件就不再执行 A 模块）。这两种循环的区别是："当型"循环是先判断（条件）再执行，而"直到型"循环是先执行后判断。

以上三种基本结构可以派生出其他形式的结构。由这三种基本结构所构成的算法可以处理任何复杂的问题。所谓结构化程序就是由这三种基本结构所组成的程序。

可以看到，三种基本结构都具有以下特点：

1）有一个入口。

2）有一个出口。

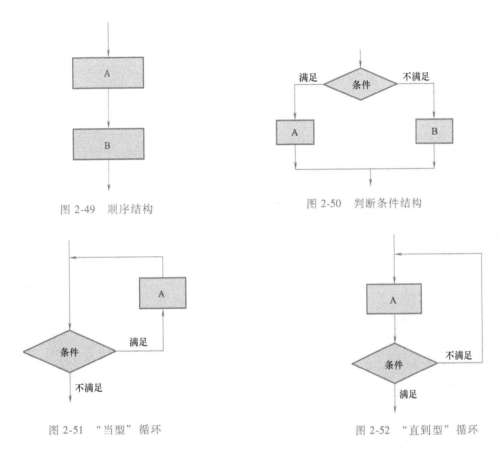

图 2-49 顺序结构　　　　　　　　　　　图 2-50 判断条件结构

图 2-51 "当型"循环　　　　　　　　　　图 2-52 "直到型"循环

3）结构中每一部分都应当有被执行到的机会，也就是说，每一部分都应当至少有一条从入口到出口的路径通过。

4）没有死循环（无终止的循环）。

结构化程序要求每一种基本结构具有单入口和单出口的性质，以便于保证和验证程序的正确性。设计程序时，按照一定的顺序安排每个结构，整个程序结构如同一串珠子一样顺序清楚，层次分明。在需要修改程序时，可以将某一基本结构孤立出来进行修改，而由于具有单入口和单出口的性质，修改时不会影响其他的基本结构。

六、评价反馈

基本素养(30分)				
序号	评价内容	自评	互评	师评
1	纪律(无迟到、早退、旷课)(10分)			
2	安全规范操作(10分)			
3	团结协作能力、沟通能力(10分)			

（续）

理论知识（10分）				
序号	评价内容	自评	互评	师评
1	理解 LabVIEW 中程序结构功能与结构（10分）			
技能操作（60分）				
序号	评价内容	自评	互评	师评
1	创建一个 While 循环的 VI（10分）			
2	创建一个移位寄存器的 VI（10分）			
3	创建一个 For 循环的 VI（10分）			
4	创建一个顺序结构的 VI（10分）			
5	创建一个条件结构的 VI（10分）			
6	创建一个有公式节点的 VI（5分）			
7	程序界面美观（5分）			
综合评价				

七、练习与思考题

1. 填空题

1）LabVIEW 编程时常用的程序结构有_____、_____、_____和_____，其中移位寄存器可以在_____和_____中使用。

2）条件结构根据_____判断并执行相应的子程序。条件判断选择器输入的数据类型包括_____、_____、_____和_____。

3）顺序结构包括_____和_____。两者的本质是_____的，两者的不同之处在于_____和_____。

2. 简答题

1）简述 LabVIEW 中各个程序结构的定义及使用方法。

2）简述结构化程序设计思想。

3. 操作题

1）使用 While 循环结构创建一个可以生成随机数并在图表中显示该随机数的 VI。

2）使用移位寄存器创建一个可以在图表中显示运行平均数的 VI。

3）用 For 循环和移位寄存器计算一组随机数的最大值。

4）使用条件结构创建一个 VI，以检查一个数值是否为正数。如果该值为正，VI 就计算其平方根，否则显示出错。

5）使用顺序结构创建一个 VI，计算生成等于某个给定值的随机数所需要的时间。

6）用公式节点计算下列等式：$y1 = x^2 + x^3 - 6$，$y2 = mx^2 + b$。

任务三　学习数组、簇数据类型

一、学习目标

1）掌握 LabVIEW 中的索引数组、簇的使用方法。

2）掌握 LabVIEW 中索引数组、簇的定义、概念、运行机制、操作注意事项。

二、工作任务

1）创建自动索引数组。

2）创建多图区图形。

3）对多个数据进行捆绑、解绑操作。

4）使用创建数组功能函数。

5）掌握簇的用法。

三、实践操作

1. 创建一个自动索引数组

1）新建一个 VI，打开空白前面板，按照图 2-53 所示创建前面板。

2）创建"数组"显示控件。在前面板空白处单击鼠标右键，选择"数组，矩阵与簇"→"数组"，如图 2-54 所示，即可在前面板中放置一个数组，并设置其标签为"数组"。

学习数组、簇数据类型

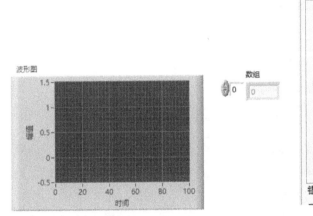

图 2-53 前面板

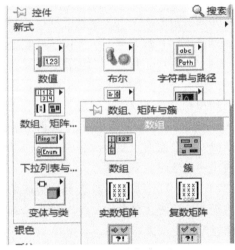

图 2-54 创建"数组"显示控件

3）创建"数值"显示控件。在前面板空白处单击鼠标右键，选择"数值"→"数值显示控件"，在数组框中插入一个数字式显示对象，用于显示数组的内容，如图 2-55 所示。

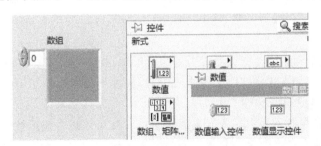

图 2-55 创建"数值"显示控件

4）创建"波形图"显示控件。在前面板空白处单击鼠标右键，选择"图形"→"波形图"，如图 2-56 所示，即可在前面板中放置一个波形图，并设置其标签为"波形图"。隐藏图例和模板，用鼠标右键单击图形，并在弹出的快捷菜单中取消选中"Y 标尺"→"自动调整 Y 标尺"，禁止自动坐标功能。使用文本工具，把 Y 坐标轴（表示幅值）的坐标值范围改为-0.5~1.5。创建好的前面板如图2-53所示。

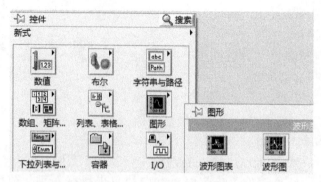

图 2-56 创建"波形图"显示控件

5）按图2-57所示添加程序框图。

6）在程序框图空白处单击鼠标右键，单击"选择 VI"，搜索"Generate Waveform VI"（也可从官网上下载），其作用是返回波形中的某一点。该 VI 需要输入一个索引，本例中将循环周期连接到该 VI 的输入端。注意：从"Generate Waveform VI"出来的连线在循环边界变成一个数组时会变粗，正是在这个边界处形成了一维数组。

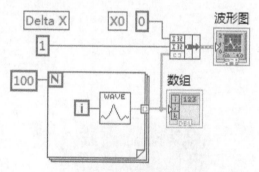

图 2-57 程序框图

7）创建 For 循环。创建 For 循环的目的是自动累计边界内的数组，这种功能也称为自动索引。在本例中，连接到循环计数输入端的数值常数为 For 循环创建了一个由 100 个元素组成的数组。

8）创建捆绑函数。在程序框图空白处单击鼠标右键，选择"簇、类与变体"→"捆绑"。利用此函数可将图块中的各个组件组合成一个簇。注意：在正确连接以前，需要改变该函数图标的大小，并且将移位工具放在图标的左下角。

9）创建数值常数。在程序框图空白处单击鼠标右键，选择"数值"→"数值常量"。按照相同的方法创建三个数值常数，用于设置 For 循环执行的周期数 $N=100$，初始值 $X0=0$，Delta$X=1$。

10）从前面板执行该 VI。将自动索引后的波形图数组显示在波形图中。

11）使 Delta $X=0.5$，$X0=20$，再次执行该 VI，波形图同样显示 100 个点，但初始值为 20，Delta $X=0.5$（见 X 轴）。

在本例中，只需在显示器中输入元素的索引号，就可以查看波形数组中的任何元素。如果输入的数比数组的元素个数大，显示器变暗，表示没有为该元素设置索引。

2. 创建多图区图形

创建含有多条曲线的图形时，所用方法是创建一个数组，用于汇集传递给单图区图形的数据元素。

1）新建一个 VI，打开空白程序框图，按照图2-58所示创建程序框图。

2）创建正弦函数。在程序框图空白处单击鼠标右键，选择"数学"→"初等与特殊函

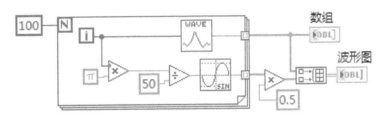

图 2-58 多图区图形的程序框图

数"→"三角函数"→"正弦函数"。本例中，正弦函数用于在 For 循环中创建一个由数据点组成的数组，表示一个正弦波周期。

3）创建 Pi 常数。在程序框图空白处单击鼠标右键，选择"数值"→"数学与科学常量"→"Pi"。

4）创建一个创建数组函数。本例中，创建数组函数用于创建合适的数据结构（一个二维数组），以便在波形图中绘制两条曲线。用移位工具拖曳边角以增大该函数的面积，创建两个输入端。

5）返回前面板，把该 VI 保存为"Graph Waveform Arrays"。执行该 VI，注意同一个波形中的两个图区，面板显示如图 2-59 所示（前面板未改动）。

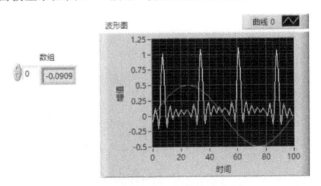

图 2-59 多图区图形的面板显示

用鼠标右键单击该图形，再在弹出的快捷菜单中选择对应的图例，即可修改图形中某个图区的外观。

3. 使用创建数组功能函数

使用创建数组函数，可以把一些元素和输出构建成一个更大的数组。

1）新建一个 VI，按照图 2-60 所示创建一个前面板。

2）在前面板的空白处单击鼠标右键，选择"数值"→"数值显示控件"，将一个数字显示对象放置在前面板中，设置其标签为"数值 1"。

3）复制并粘贴该数字显示对象两次，创

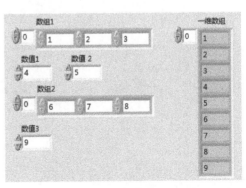

图 2-60 前面板

建两个新的数字显示对象，并分别设置其标签为"数值2"和"数值3"。

4）创建一个数字控制对象的数组，设置其标签为"数组1"。复制并粘贴该数组，创建一个新的数组，设置其标签为"数组2"。

5）在数组1、数值1、数值2、数组2、数值3中依次输入数值1~9。

6）创建程序框图（见图2-61）。在程序框图的空白处单击鼠标右键，在控件选板中，选择"数组、矩阵和簇"→"数组"，在程序框图中放置一个创建数组的功能函数。用定位工具增大函数的面积，以容纳五个输入。

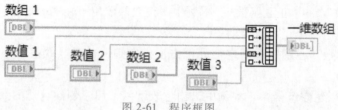

图2-61　程序框图

7）把数组和数值与"创建数组"功能函数连接起来，创建输出的一维数组，它由 数值1、数值2、数值3、数组1、数组2中的元素所组成。

8）执行该VI，可以看到数值1、数值2、数值3、数组1、数组2中的数值出现在同一个一维数组中。

9）保存该VI文件名为"Build Array"。

4. 簇

学习创建簇，分解簇，再捆绑簇，并且在另一个簇中显示其内容。

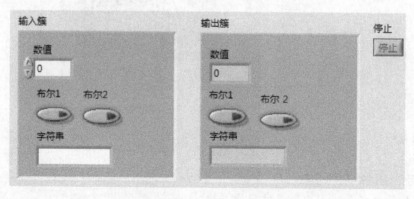

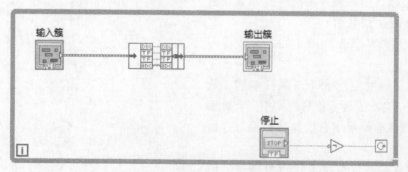

图2-62　前面板和程序框图

1）新建一个 VI，打开前面板，创建一个簇壳。在前面板空白处单击鼠标右键，选择"数组、矩阵与簇"→"簇"，并将其标签改为"输入簇"，拖曳至适当大小。

2）在这个簇壳中放置一个数值输入控件、两个布尔和一个字符串输入控件。

3）按照以上步骤，创建"输出簇"。注意将各输入改为相应的输出。

4）用快捷菜单查看两个簇的序是否一致，若有差别，进行修改，操作方法是：打开"帮助"→"显示即时帮助"，将鼠标放在两个簇上，查看簇名称的顺序是否一致。

5）在前面板上设置一个停止按钮。在前面板空白处单击鼠标右键，选择"布尔"→"停止按钮"。注意其默认值为"假"。

6）建立图 2-62 所示的程序框图。注意在停止按钮与循环条件端子之间接入了一个"非"函数，因为按钮默认值为"假"，经"非"函数后变为真，这就意味着当按钮状态不变时，循环继续执行；相反，一旦按钮动作，则循环终止。

7）返回前面板，保存文件名为"Cluster Exercise"并运行该文件。在输入簇中输入不同的值，观察输出。

四、问题探究

❓ 什么是数组？

数组，是相同数据类型的元素按一定顺序排列的集合。若将有限个数据类型相同的变量的集合命名，那么这个名称为数组名。组成数组中各个变量称为数组的分量，也称为数组的元素，有时也称为下标变量。用于区分数组中各个元素的数字编号称为下标。在程序设计中，为了处理方便，把具有相同类型的若干变量按有序的形式组织起来构成数组。

❓ 什么是簇？

簇是一种类似于数组的数据结构，用于分组管理数据。簇和数组有着显著的区别，其中之一是：簇可以包含不同的数据类型，而数组只能包含相同的数据类型。例如，一个数组可以包含 10 个数字指示器，一个簇却可以包含一个数字控件、一个开关和一个字符串控件。

五、知识拓展

尽管簇和数组的元素都是有序存放的，但访问簇的元素时最好通过释放的方法同时访问其中部分或全部元素，而不是通过索引一次访问一个元素。簇和数组的另一个区别是：簇具有固定的大小。

簇用于对程序框图上的有关数据元素进行分组管理。因为簇在程序框图中用唯一的连线表示，所以对于减少连线混乱和子 VI 需要的连接器端子个数有着很好的效果。可以将簇看作是一捆线缆，线缆中每一个连线表示簇的不同元素。在程序框图上，只有当簇具有相同类型、相同元素数量和相同元素顺序时，才可以将这些簇的端子连接起来。多态性应用于簇时，只需要簇具有同样顺序、同样数量的元素。

在前面板的空白处单击鼠标右键，选择"数组、矩阵和簇"→"簇"，如图 2-63 所示，即可创建簇。

然后往簇的框中添加各种类型的控件。例如要建立一个学生记录信息，包括学生的姓名、学号、性别和年龄，则需要在簇外壳里依次放入两个字符串输入控件，一个数字控件和一个布尔控件，如图 2-64 所示。

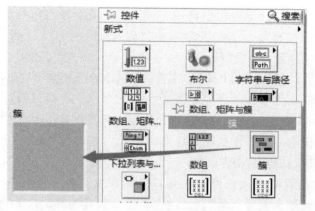

图 2-63　簇的创建

先在程序框图上放置一个簇外壳，然后在簇外壳里放置各种数据类型常数，如图 2-65 所示。

图 2-64　簇的前面板

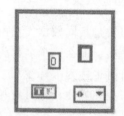

图 2-65　创建一个簇外壳

用鼠标右键单击簇的边界，在弹出的快捷菜单中选择"自动调整大小"，如图 2-66 所示，即可调整簇内对象的大小。

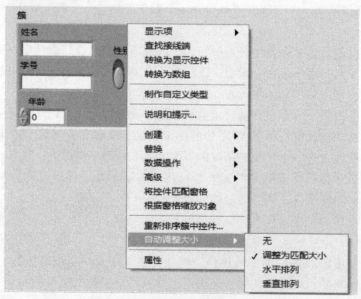

图 2-66　自动调整簇内对象的大小

勾选"调整为匹配大小",即可缩小簇的边框,图 2-67 所示为调整后的效果。

簇结构中的元素是按照放置时的先后顺序来排列的,与簇内元素的位置无关。放入簇内的第一个元素序号为 0,第二个元素序号为 1,依次向下排列。如果删除一个元素,系统重新自动调整序号。簇的排序很重要,它直接影响后面介绍的"捆绑"函数及"接触捆绑"函数的端口顺序。如果要将一个簇与另一个簇连接,那么这两个簇的排序和类型必须相同。

图 2-67　调整后的效果

如果要改变簇内元素的排列顺序,可以用鼠标右键单击簇的边框,在弹出的快捷菜单中执行"重新排序簇中控件"命令,如图 2-68 所示。此时鼠标变成一个带"#"号的手柄箭头,黑框指出新设置的排列序号,白框表示原先的排列序号,改变标题栏上的"单击设置"内容,然后单击簇元素,即可设置新的序号。设置完毕后单击工具栏上的☑按钮,确定更改。如果要恢复原先的设定值,单击☒按钮,取消设置。

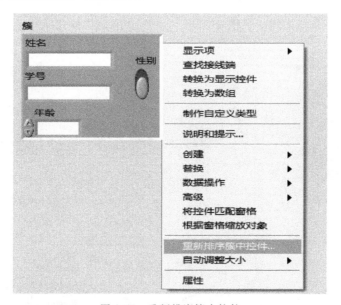

图 2-68　重新排序簇中控件

簇函数的模板如图 2-69 所示。

簇函数中最主要的是打包簇的捆绑函数,还有从簇中解包并提取簇中元素的解除捆绑函数。它们是根据簇元素的顺序来进行操作的,这也说明了簇内元素排列顺序的重要性。簇函数举例如下:

【例 1】　创建簇,解包簇,再打包簇。

本例的目的是学习使用簇的两个基本函数。如图 2-70 所示,首先放置一个簇外壳到前面板上,将其标签改为"输入簇"

在簇外壳中依次放入字符串控件"Name"、布尔控件"Sex"、数字输入控件"Pay"以及字符串控件"Address",这些簇元素组成某一公司内一名员工的工资记录,如图 2-71

所示。

　　切换到程序框图，放置一个"解除捆绑"的解包簇函数，如图 2-72 所示。函数刚放入时，它的右侧只有两个输出端口，当输入端口与"输入簇"端子相连后，"解除捆绑"函数的右侧输出端口数，自动增加与簇元素的数目相等，输出端口从上向下排列的顺序与簇内元素的放置顺序相对应，并且其数据类型也与簇元素数据类型相对应。

图 2-69　簇函数的模板

　　用同样的方法放置一个"捆绑"的打包簇函数，用定位工具将输入端的数目增加到四个，依次将它们与解包出来的四个簇元素相连，表示又把它们进行打包生成一个新的簇，如图 2-73 所示。在输出端口创建一个簇显示器，把标签改为"输出簇"。

图 2-70　创建输入簇

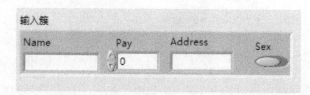

图 2-71　在簇中放入控件

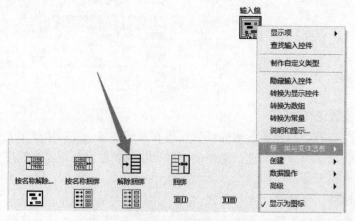

图 2-72　放置"解除捆绑"函数

【例 2】　替换簇元素

本例的目的是学习使用"按名称捆绑"函数来替换簇内的某些元素。

新建一个 VI，在前面板上创建一个簇外壳，依次向簇内添加一个数字输入控件、一个布尔控件和一个字符串输入控件，如图 2-74 所示。

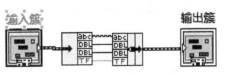

图 2-73　放置"捆绑"函数

打开程序框图，选择并放置"按名称捆绑"函数，其功能是按照名称来替换簇元素的值。在函数初放入时，它的左侧只有一个输入端口，将函数的"输入簇"端口与创建的输入簇端子相连之后，函数的左侧端口显示簇内第一个元素的名称和数值，可用操作工具单击它来选择显示其他的簇元素，如图 2-75 所示。

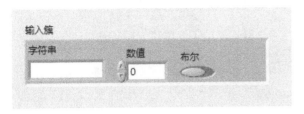

图 2-74　新建一个簇

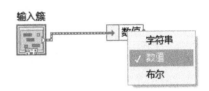

图 2-75　选择显示其他簇元素

在前面板上创建一个输入控件，将标签改为"输入数字"，如图 2-76 所示。在程序框图中将它与"数值"端口相连，表示用它来替换簇元素。

图 2-76　创建输入控件并修改标签

在"按名称捆绑"函数后面创建输出簇，完成后即可运行程序，运行结果如图 2-77 所示。

图 2-77　运行结果

【例 3】　插接生成簇数组

本例的目的是学习使用索引与捆绑簇数组函数来生成一个簇数组。

新建一个 VI，打开程序框图，放置一个"索引与捆绑簇数组"函数，由于刚放入时它只有一个输入端口，用定位工具拖拉增加为三个输入端口。

在程序框图上放置三个数组外壳，然后分别添加字符串常量、数值常量和布尔常量，建立三个数组，如图 2-78 所示。

按图 2-79 所示赋值。

连线，并创建显示控件，如图 2-80 所示。

运行程序，运行结果如图 2-81 所示。

图 2-78　建立三个数组

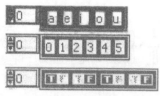

图 2-79　赋值

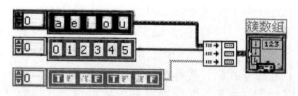

图 2-80　创建显示控件

图 2-81　运行结果

说明：该函数从输入的三个数组中依次取值，具有相同索引值的数据被攒成一个簇，所有的簇构成一个一维数组。插接成的簇数组的长度等于所有输入数组的最短长度，多余的数据被丢弃。

【例 4】　建立数组的数组

本例是把一维数组当成一个簇，然后建立簇的数组，因为簇数组的每一个元素都是一个簇（即一维数组），从而建立数组的数组。

先新建一个 VI，打开程序框图，放置一个创建簇数组函数。该函数的功能是建立簇的数组，簇数组的每个元素都是一个簇。刚放入程序框图时，该函数只有一个输入端口，用定位工具拖动它的边框，使它具有三个输入端口。

在程序框图上创建三个数值型数组，分别对它们进行赋值，第一个数组和第三个数组的长度设为 5，第二个数组的长度设为 4。在创建簇数组函数的输出端口创建一个簇显示器，将簇显示器的标签内容改为"数组的数组"，如图 2-82 所示。

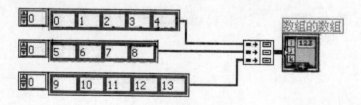

图 2-82　修改后的结果

运行程序，即可在前面板上看到结果，如图 2-83 所示：

错误簇是一类很重要的簇，许多控件里都有"错误输入"和"错误输出"这两个簇的端口，当一个 VI 中间出现错误导致不能运行时，可以在出错控件的"错误输出"端子创建一个显示控件，使程序继续运行。图 2-84 所示为错误簇。

而错误簇更重要的应用在于，它可以控制控件执行的先后顺序。此外，也可以通过错误簇来控制循环的终止。如图 2-85 所示，信号发生出现错误就可以使循环停止。

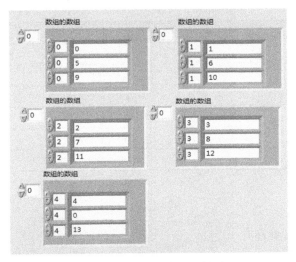

图 2-83　前面板上的运行结果

图 2-84　错误簇

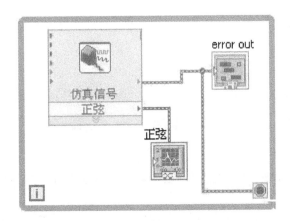

图 2-85　利用错误簇终止循环

六、评价反馈

基本素养(30 分)			
序号	评价内容	自评	互评	师评
1	纪律(无迟到、早退、旷课)(10 分)			
2	安全规范操作(10 分)			
3	团结协作能力、沟通能力(10 分)			
理论知识(10 分)			
序号	评价内容	自评	互评	师评
1	对数组、簇定义的理解(10 分)			
技能操作(60 分)			
序号	评价内容	自评	互评	师评
1	创建自动索引数组的 VI(10 分)			
2	创建多图区图形的 VI(10 分)			

（续）

技能操作（60 分）				
序号	评价内容	自评	互评	师评
3	创建数组函数的 VI（10 分）			
4	创建一个创建簇、分解簇的 VI（15 分）			
5	程序能够顺利运行（10 分）			
6	程序界面美观（5 分）			
	综合评价			

七、练习与思考题

1. 填空题

错误簇是一类很重要的簇，许多控件里都有_____和_____这两个簇的端口。

2. 简答题

简述簇与数组的区别。

3. 操作题

1）创建一个自动索引的数组。

2）创建多图区图形。

3）使用功能函数创建数组。

4）创建簇，分解簇，再捆绑簇并且在另一个簇中显示其内容。

任务四　在图表中显示数据

一、学习目标

1）掌握 LabVIEW 中波形图和波形图表的特征，学会利用 XY 图构成利萨育图形。

2）掌握 LabVIEW 中波形图与波形图表的区别，以及波形图、波形图表和 XY 图的定义、概念、运行机制、操作注意事项。

让数据显示在图表中

二、工作任务

1）显示不同波形时，选择合适的图表并掌握各类图表的优缺点。

2）程序框图清晰、易读、易于维护、易于重构。

3）自定义修改控件名称，提高程序的易读性。

三、实践操作

1. 创建一个 VI，用波形图表和波形图分别显示由 40 个随机数生成的曲线，比较两个程序的区别

波形图表和波形图的前面板的比较如图 2-86 所示，程序框图的比较如图 2-87 所示。

由图 2-86 可以看出，程序的运行结果一致，但实现方法和过程不同。从图 2-87 中可以看出，波形图表是在循环内生成的，每得到一个数据点，波形图表上就显示一个；而波形图是在循环之外生成的，40 个数都生成之后，程序跳出循环，然后波形图上一次性地显示出整个数据曲线。值得注意的是，For 循环执行 40 次后生成的 40 个数据存储在一个数组中，这个数组创建于 For 循环的边界上（使用自动索引功能）。在 For 循环结束之后，该数组被

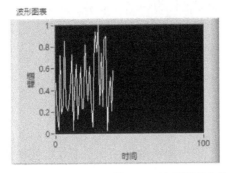 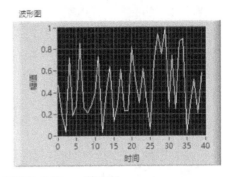

图 2-86　波形图表和波形图的比较——前面板

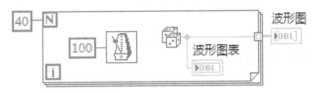

图 2-87　波形图表和波形图的比较——程序框图

传送到外面的波形图。穿过循环边界的连线在内、外两侧粗细不同，内侧表示浮点数，外侧表示数组。

波形图（Waveform Graph）有一个特征，其 X 轴表示测量点序号、时间间隔等，Y 轴表示测量数据值。但是，波形图并不适合描述一般的 Y 值随 X 值变化的曲线，适用于这种情况的控件是 XY 图。可以通过一个构成利萨育图形的例子来了解其应用。控制 X、Y 方向的两个数组分别按正弦规律变化（假设其幅值、频率都相同），如果它们的相位相同，则利萨育图形是一条 45° 斜线；它们之间相位差为 90° 时利萨育图形为圆，其他相位差下利萨育图形为椭圆。

2. 利用 XY 图构成利萨育图形

利用 XY 图构成利萨育图形前面板和程序框图如图 2-88 及图 2-89 所示。前面板上除了一个 XY 图外，还有一个相位差输入控件。在图 2-89 所示的程序框图中使用了两个正弦函

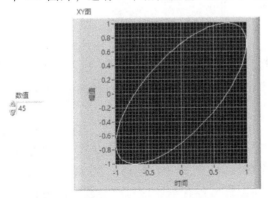

图 2-88　利用 XY 图构成利萨育图形前面板

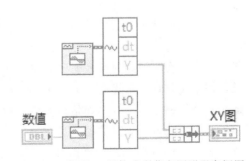

图 2-89　利用 XY 图构成利萨育图形程序框图

数，第一个正弦函数的所有输入参数（包括频率、幅值、相位等）都使用默认值，所

以其初始相位为 0。第二个正弦函数中，将其初始相位作为一个控件引到前面板上。它们的输出是包括 t0、dt 和 Y 值的簇，但是对于 XY 图，只需要其中的 Y 数组，因此使用波形函数分别提取出各自的 Y 数组，然后再将它们捆绑在一起，连接到 XY 图即可。当相位差为45°时，运行程序，得到图 2-88 所示的椭圆。

四、问题探究

? 什么是波形图表？

波形图表是动态的，它可以将新测得的数据添加到曲线的尾端，从而反映实时数据的变化趋势，主要用来实时显示曲线。

? 什么是波形图？

波形图是静态的，一次性地显示由现有数据构成的曲线，在绘图之前先自动清空已有波形图，而不会将新数据添加到曲线的尾端。

根据显示方法，波形图又分为 XY 图、强度图、数字时序图和三维图。

波形图可以显示数组。对于一维数组数据，它会一次性把一维数组的数据添加在曲线末端，即曲线每次向前推进的点数为数组数据的点数。

? 什么是 XY 图？

XY 图是波形图的一种，每一个曲线是由 X 和 Y 构成的多个坐标点连接而成的，同一个XY 图上可以显示多组曲线，最多可显示 16 组曲线。

五、知识拓展

LabVIEW 中，波形图和波形图表的主要区别在于输出数据类型。LabVIEW 使用波形图和波形图表来显示具有恒定速率的数据。

波形图用于显示测量值为均匀采集的一条或多条曲线。波形图仅绘制单值函数，即在 $Y = f(X)$ 中，各点沿 X 轴均匀分布，如一个随时间变化的波形。

波形图还可用于显示包含任意个数据点的曲线。波形图接收多种数据类型，从而最大限度地降低了数据在显示为图形前进行类型转换的工作量。

1. 在波形图中显示单条曲线

波形图可以显示单条曲线。

对于一个数值数组，其中的每个数据都可被视为图形中的点，X 从 0 开始以 1 为增量递增，波形图接收包含初始 X 值、ΔX 及 Y 数据数组的簇。此外，波形图也接收波形数据类型，包含波形数据、起始时间和时间间隔（Δt）。

波形图还接收动态数据类型，用于 Express VI。动态数据类型除包括对应于信号的数据外，还包括信号的各种属性，如信号名称、数据采集日期和时间等。属性用于指定信号在波形图中的显示方式。当动态数据类型中包含单个数值时，波形图将绘制该数值，同时自动将图例及 X 标尺的时间标识进行格式化。当动态数据类型包含单个通道时，波形图将绘制整个波形，同时对图例及 X 标尺的时间标识自动进行格式化。

2. 在波形图表中显示单条曲线

如果一次向波形图表传递一个或多个数据值，LabVIEW 软件将这些数据作为波形图表上的点，从 $X=0$ 开始以 1 为增量递增，波形图表将这些输入作为单条曲线上的新数据。

波形图表接收波形数据类型，包含波形的数据、起始时间和时间间隔（Δt）。创建的波形函数可在图表的 X 标尺上划分时间，并自动使用 X 标尺刻度的正确间隔。在指定了 t0 和单元素 Y 数组的波形中，各个数据点均拥有时间标识，因此适用于绘制非均匀采样的数据。

六、评价反馈

基本素养（30 分）				
序号	评价内容	自评	互评	师评
1	纪律（无迟到、早退、旷课）（10 分）			
2	安全规范操作（10 分）			
3	团结协作能力、沟通能力（10 分）			
理论知识（20 分）				
序号	评价内容	自评	互评	师评
1	对波形图、波形图表和 XY 图概念的理解（10 分）			
2	区分波形图、波形图表和 XY 图（10 分）			
技能操作（50 分）				
序号	评价内容	自评	互评	师评
1	用波形图和波形图表显示曲线（20 分）			
2	用 XY 图构成利萨育图形（15 分）			
3	程序能够顺利运行（10 分）			
4	程序界面美观（5 分）			
综合评价				

七、练习与思考题

1. 填空题

波形图是_____的，接收的数据为_____，波形图表和波形图的输入控件都必须为_____。

2. 简答题

简述波形图和波形图表的区别与联系。

3. 操作题

1）创建一个 VI，用波形图表和波形图分别显示由 40 个随机数生成的曲线，比较程序的差别。

2）利用 XY 图构成利萨育图形。

任务五　操作字符串及文件存取

一、学习目标

1）掌握字符串的使用以及文件的存储、读取方法。

2）掌握 LabVIEW 中字符串的使用方法，以及对文件的存储、
读取操作方法。

操作字符串及文件存取

二、工作任务

用 LabVIEW 完成对字符串的相关处理。

三、实践操作

1. 组合字符串

使用一些字符串功能函数将一个数值转换成字符串，并把该字符串和其他一些字符串连接起来组成一个新的字符串输出。

1）新建一个 VI，打开空白前面板，按照图 2-90 所示向其中添加对象。

其中，两个字符串控制对象和数值控制对象可以合并成一个字符串并显示在输出字符串中，输出串长度显示字符串的长度。

本任务中输出字符串是一个 GPIB（IEEE 488）通信命令字符串，它可用来与串口（RS-232 或者 RS-422）仪器进行通信。

2）打开程序框图，按图 2-91 所示创建程序框图。

图 2-90　字符串处理前面板　　　　图 2-91　字符串处理程序框图

3）创建格式化写入字符串函数。在程序框图空白处单击鼠标右键，选择"字符串"→"格式化写入字符串"。在本任务中，该函数用于对数值和字符串进行格式化，并将其合并成为一个输出字符串。

4）创建字符串长度函数。在程序框图空白处单击鼠标右键，选择"字符串"→"字符串长度"。在本任务中，该函数用于返回一个字符串的字节数。

5）把该 VI 保存为"Build String"，运行该 VI。需要注意的是，格式化写入字符串功能函数是将两个字符串控制对象和数值控制对象合并成一个输出字符串。

字符串格式的设定方法是：选中格式化写入字符串函数，单击鼠标右键，在弹出的快捷菜单中选择"编辑格式字符串"，即可分别对各输入部分的格式进行设定。

2. 字符串子集和数值的提取

创建一个字符串的子集，假设其中含有某个数值的字符串，再将它转换成数值。

1）新建一个 VI，按图 2-92 所示的前面板和图 2-93 所示的程序框图编写程序。用默认输入值运行该 VI。

注意：字符串子集用于显示提取的字符串，并且只是字符串的数值部分被提取出来，并被转换为数值。可以尝试使用不同的控制数值（数组式的字符串是从 0 开始进行编号的），或者可以返回到程序框图，查看怎样从输入字符串中提取出其中的数值部分。

2）创建截取字符串函数。在程序框图空白处单击鼠标右键，选择"字符串"→"截取字符串函数"。该函数用于返回偏移地址开始的子字符串及其字节数，第一个偏移地址是 0。

很多情况下，必须把字符串转换成数值，如需要将从仪器中得到的数据字符串转换成数值。

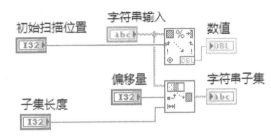

图 2-92　字符串子集和数值的提取前面板　　　图 2-93　字符串子集和数值的提取程序框图

3）创建扫描字符串函数。在程序框图空白处单击鼠标右键，选择"字符串"→"扫描字符串函数"。该函数用于扫描字符串，并将有效的字符（0~9，正负号，e、E 和分号）转换成数值。如果连接的是一个格式字符串，该函数将根据指定的字符串格式进行转换，否则按默认格式进行转换。该函数从偏移地址的字符串处开始扫描，第一个字符串的偏移地址是 0。

4）保存该 VI 为"Parse String"并运行。

3. 将数据写入电子表格文件

修改一个已有的 VI，用文件的 I/O 功能函数将数据以 ASCII 格式保存到一个新的文件，然后用一个电子表格程序打开该文件。

1）打开前面（任务三）创建的 Graph Waveform Arrays.vi，其前面板如图 2-94 所示。当调用这个 VI 时，将生成两个数据数组，并将它们绘制在一个图区中。对该 VI 进行修改，从而把两个数组写入一个文件，格式是每列含有一个数组。

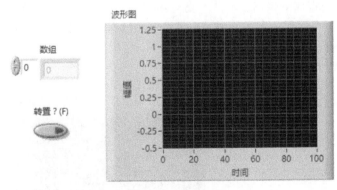

图 2-94　前面板

2）打开"Graph Waveform Arrays.vi"的程序框图，按图 2-95 所示在程序框图的右下角添加功能函数。

3）创建写入带分隔符电子表格函数。在程序框图空白处单击鼠标右键，选择"文件 I/O"。该函数用于将二维数组转换成电子表格字符串，并将其写入一个文件。如果没有指定路径名称，将会弹出一个文件对话框，提示输入文件名。该 VI 可用于将一维或者二维数组写入文件。因为这里用的是二维数组，所以无须连接一维输入端子。

4）创建布尔常数。在程序框图空白处单击鼠标右键，选择"布尔"→"布尔常数"。

该函数用于控制是否在写入数据之前将其转换成二维数组，在本任务中需要对数据进行转换。这是因为电子表格文件的每列都含有一个数据数组。创建好的程序框图如图2-95所示。

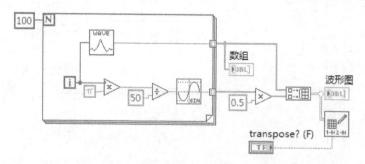

图 2-95　程序框图

5）返回前面板，保存该 VI 为 "Waveform Arrays to File" 并运行。数据数组生成以后，会弹出一个文件对话框，提示输入新建文件的文件名。输入文件名并单击 "OK" 按钮。

可以尝试在转换与不转换两种情况下运行程序，查看运行结果的差别。如果用电子表格软件或者文本编辑器打开或者编辑刚才创建的文件，就可以看到两列表格，每列含有 100 个元素。

在本任务中，只有所有的数组都被采集以后，数据才可以被转换或者写入文件。如果需要更大的数据缓存或者希望在数据生成后把它们写入硬盘，就需要使用另外一个文件I/O VI。

4. 向文件添加数据

创建一个 VI，把温度数据以 ASCII 码格式添加到某个文件中。该 VI 使用 For 循环生成温度数据，并将它们存储到一个文件中。在每个循环期间，都要把数据转换成字符串，添加一个逗号作为分隔符，并将该字符串添加到文件中。

1）新建一个 VI，打开前面板，并按照图 2-96 所示放置对象。

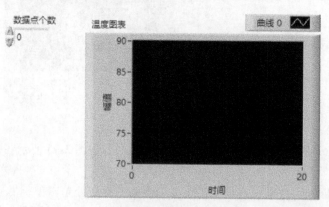

图 2-96　前面板

2）前面板中包括一个数字式显示器（标签为 "数据点个数"）和一个波形图表。"数据点个数" 控制对象指定需要采集和写入文件的温度数据的数量，波形图表则用于显示温度曲线。将波形图表的 Y 轴坐标范围设置为 $70\sim90$，X 轴坐标范围设置为 $0\sim20$。

3）打开程序框图，添加 For 循环并增大其面积。

4）在循环中添加一个移位寄存器，方法是用鼠标右键单击循环边界，在弹出的快捷菜单中选择移位寄存器。该移位寄存器用于存储文件的路径名。

5）完成对象的连线。

6）创建空路径常量。在程序框图空白处单击鼠标右键，选择"文件 I/O"→"文件常量"。空路径常量用于初始化移位寄存器，以保证将数据写入文件时路径都是空的。写入时会弹出一个文件对话框，提示输入文件路径及文件名。

7）创建 Digital Thermometer VI，在程序框图空白处单击鼠标右键，选择"选择 VI"。该 VI 用于返回一个模拟温度测量值（仿真），也可以从网上下载该 VI。

8）创建格式化写入字符串函数。在程序框图空白处单击鼠标右键，选择"字符串"→"格式化写入字符串"。利用该函数将温度数据转换成字符串，并且在字符串后面增加一个逗号。

9）创建写入带分隔符电子表格函数。在程序框图空白处单击鼠标右键，选择"字符串"→"写入带分隔符电子表格"。利用该函数向文件写入字符串。创建后的程序框图如图 2-97 所示。

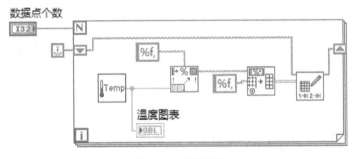

图 2-97　程序框图

10）返回前面板，把"数据点个数"设置为 20，运行该 VI。此时出现一个文件对话框，提示输入文件名。输入文件名以后，每个生成的温度数据被写入该文件中。

11）把该 VI 另存为"Write Temperature to File"。

使用任意一个字处理软件，如 Write for Windows、Teach Text for Macintosh，或者 UNIX 平台下的某个文本编辑器，打开该数据文件查看其内容，可以看到文件的内容是 20 个用逗号分隔开的数值（准确到小数点后三位）。

四、问题探究

（?）什么是字符串及字符串操作？

字符串（String）是由数字、字母、下划线组成的一串字符。它是编程语言中表示文本的数据类型。在程序设计中，字符串为符号或数值的一个连续序列，如符号串（一串符号）或二进制数字串（一串二进制数字）。

字符串操作是以串的整体作为操作对象的，如在串中查找某个子串、求取一个子串，在串的某个位置上插入一个子串以及删除一个子串等。两个字符串相等的充分必要条件是：长度相等，并且各个对应位置上的字符都相同。设 p、q 是两个字符串，求 q 在 p 中首次出现的位置的运算称为模式匹配。字符串的两种最基本的存储方式是顺序存储方式和链接存储方式。

五、知识拓展

1. 计算机文件

计算机文件属于文件的一种。与普通文件载体不同，计算机文件是以计算机硬盘为载体存储在计算机上的信息集合。文件可以是文本文档、图片、程序等。

2. 文件

所谓"文件"，就是在计算机中，以实现某种功能或某个软件的部分功能为目的而定义的一个单位。

文件有很多种，运行的方式也各有不同。一般通过文件扩展名来识别这个文件是哪种类型。此外，特定的文件都会有特定的图标（就是显示这个文件的样子），只有安装了相应的软件，才能正确显示这个文件的图标。

文件是与软件研制、维护和使用有关的资料，可以长久保存。文件是软件的重要组成部分。在软件产品研制过程中，以书面形式固定下来的用户需求、在研制周期中各阶段产生的规格说明、研究人员做出的决策及其依据、遗留问题和进一步改进的方向，以及最终产品的使用手册和操作说明等，都记录在各种形式的文件档案中。

3. 定义

文件是具有符号名的、在逻辑上具有完整意义的一组相关信息项的有序序列。信息项是构成文件内容的基本单位。读指针用来记录文件当前文件之前的读取位置，它指向下一个将要读取的信息项。写指针用来记录文件当前的写入位置，下一个将要写入的信息项被写到该处。

4. 分类

文件按性质和用途分为系统文件、用户文件和库文件；按文件的逻辑结构分为流式文件和记录式文件；按信息的保存期限分为临时文件、永久性文件、档案文件；按文件的物理结构分为顺序文件、链接文件、索引文件、HASH 文件和索引顺序文件；按文件的存取方式分为顺序存取文件和随机存取文件。UNIX 系统中的文件可分为：普通文件、目录文件和特殊文件。在管理信息系统中，文件的分类是：按文件的用途分为主文件、处理文件、工作文件、周转文件（存放其他文件）；按文件的组织方式分为顺序文件、索引文件、直接存取文件。

六、评价反馈

基本素养(30 分)				
序号	评价内容	自评	互评	师评
1	纪律(无迟到、早退、旷课)(10 分)			
2	安全规范操作(10 分)			
3	团结协作能力、沟通能力(10 分)			
理论知识(20 分)				
序号	评价内容	自评	互评	师评
1	将数据写入电子表格文件(10 分)			
2	向文件添加数据(10 分)			

（续）

技能操作（50 分）				
序号	评价内容	自评	互评	师评
1	创建组合字符串的 VI(10 分)			
2	创建字符串子集和数值提取的 VI(10 分)			
3	创建数据写入的 VI(10 分)			
4	创建向文件添加数据的 VI(5 分)			
3	程序能够顺利运行(10 分)			
4	程序界面美观(5 分)			
综合评价				

七、练习与思考题

1. 填空题

字符串是由_____、_____和_____组成的一串字符，它在编程语言中表示_____的数据类型。在程序设计中，字符串为_____或_____的一个连续序列。

2. 操作题

1）使用一些字符串功能函数将一个数值转换成字符串，并把该字符串和其他一些字符串连接起来组成一个新的字符串输出。

2）创建一个字符串的子集，显示其中含有某个数值的字符串，再将它转换成数值。

3）修改一个已有的 VI，使用文件 I/O 功能函数，将数据以 ASCII 码格式保存到一个新的文件，然后用一个电子表格程序打开该文件。

4）创建一个 VI，把温度数据以 ASCII 码格式添加到某个文件中。

任务六 VI 程序的创建与结构控制

一、学习目标

1）掌握头文件的使用以及数据文件的存储、读取方法。

2）掌握 LabVIEW 中头文件及数据文件的定义、用法、注意事项。

二、工作任务

1）熟悉 LabVIEW 中子 VI 的前面板及程序框图的设计。

2）熟悉 LabVIEW 中主 VI 的前面板及程序框图的设计。

三、实践操作

1. 子 VI 前面板的设计

1）选择"文件"→"新建"命令，新建一个 VI。

2）把"温度计"显示控件放置在前面板中。在前面板窗口的空白处单击鼠标右键，选择"数值"→"温度计"，设置其标签为"温度计"。重新设定温度计的标尺范围为 0~100。

3）在前面板中放置垂直滑动杆开关。在前面板空白处单击鼠标右键，选择"布尔"→垂直滑动杆开关"，设置其标签为"温度值开关"。在开关的"真"（True）位置旁边输入自由标签"摄氏"，再在"假"（False）位置旁边输入自由标签"华氏"。

4）在前面板中创建停止按钮。创建好的子 VI 前面板如图 2-98 所示。

2. 子 VI 程序框图的设计

1) 选择"窗口"→"显示程序框图"命令，打开程序框图。用鼠标右键单击程序框图的空白处，弹出功能模板，选择所需要的对象。本程序用到的对象如下。

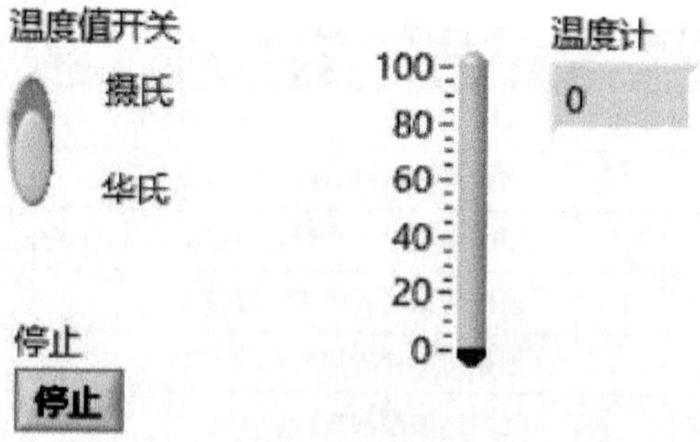

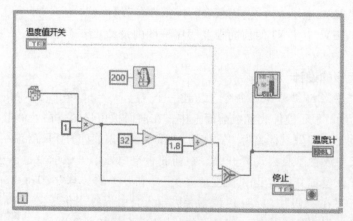

图 2-98　子 VI 前面板

① 乘法函数。在程序框图空白处单击鼠标右键，选择"数值"→"乘"。在本任务中，利用该功能将读取电压值乘以 100.00，以获得华氏温度。

② 减法函数。在程序框图空白处单击鼠标右键，选择"数值"→"减"。在本任务中，利用该功能从华氏温度中减去 32.0。

③ 随机数产生函数。在程序框图空白处单击鼠标右键，选择"数值"→"随机数（0-1)"，用于产生随机温度值。

④ 除法函数。在程序框图空白处单击鼠标右键，选择"数值"→"除"。在本任务中，把相减的结果除以 1.8，以转换成摄氏温度。

⑤ 选择函数。在程序框图空白处单击鼠标右键，选择"比较"→"选择"。该功能函数输出华氏温度（当温度值开关为 False）或者摄氏温度（温度值开关为 True）。

⑥ 数值常数。用连线工具单击希望连接一个数值常数的对象，并选择"创建常量"功能。若要修改常数值，用标签工具双击该数值，再写入新的数值。

⑦ 字符串常量。用连线工具单击希望连接字符串常量的对象，再选择"创建常量"功能。若要输入字符串，用标签工具双击该字符串，再输入新的字符串。

⑧ While 循环功能，用于生成连续输入的随机温度值。

⑨ 定时采集功能。在程序框图空白处单击鼠标右键，选择"定时"→"等待下一个整数倍毫秒"。使用此功能可以避免随机数变化过快。

2) 创建的子 VI 的程序框图如图 2-99 所示。选择前面板，使之变成当前窗口，并运行该子 VI 的程序。单击连续运行按钮，使程序运行于连续运行模式。再单击连续运行按钮，关闭连续运行模式。

图 2-99　子 VI 的程序框图

3）创建图标"Temp"。利用此图标可以将现程序作为子程序在其他程序中进行调用。创建方法为：在前面板右上角的图标框中单击鼠标右键，从弹出的快捷菜单中选择"编辑图标"命令。双击选择工具，并按下<Delete>键，删除默认的图标图案。用画图工具画出温度计的图标。

注意：在用鼠标画线时应按下<Shift>键，可以画出水平或垂直方向的连线。

图标创建完成后，单击"OK"，按钮，关闭图标编辑，生成的图标显示在前面板的右上角。

4）创建连接器端口，把连接器端口定义给开关和温度指示。

使用连线工具，在左边的连接器端口框内单击鼠标左键，则端口显示为黑色，表示已选中端口。再单击开关，该开关被一个闪烁的虚线框包围住。

单击右边的连接器端口框，使其显示为黑色，再单击温度指示部件，该温度指示部件被一个闪烁的虚线框包围住，这表示右边的连接器端口对应温度指示部件的数据输入。

单击空白处，则闪烁的虚线框消失，前面所选择的连接器端口变暗，表示已经将各个连接器端口定义到相应的对象部件。

注意：LabVIEW 编程惯例是前面板上用于控制的连接器端口放在图标接线面板的左边，而用于显示的连接器端口放在图标接线面板的右边。也就是说，图标的左边为输入端口，而右边为输出端口。

5）选择"文件"菜单的"保存"命令，保存上述文件，并将文件命名为"Thermometer"。

至此，程序编制完成。它可以在其他程序中作为子程序被调用，并且在其他程序的程序框图中，该温度计程序用前面创建的"Temp"图标来表示。连接器端口的输入端用于选择温度单位，输出端用于输出温度值。

6）关闭该程序。

3. 主 DI 的前面板设计

图 2-100 所示为主 VI 的前面板，"温度模式""停止并保存数据"和"操作者名"均为布尔控制控件，"报警"为布尔显示控件，"设定高限"为数值输入控件，"当前温度值状态"为字符串显示控件，"当前温度"为数值显示控件，"文件保存路径"为路径控件。

4. 主 VI 的程序框图设计

按照图 2-101 所示完成程序框图设计。

1）从"结构"工具模板选择条件循环结构"While 循环"并将其放入程序框图，调整While 循环框的大小，把先前从前面板创建的两个节点放入循环框内。

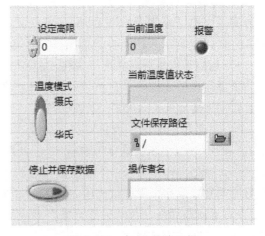

图 2-100　主 VI 的前面板

注意：While 循环结构是一种无限循环结构，只要条件满足，它就一直循环下去。在本任务中，只要"停止并保存数据"开关是"ON"状态，该程序就一直运行，采集温度测量值，并在图表上显示。

2）放入其他的程序框图对象。调用 Thermometer·vi。该 VI 程序是在上个练习中创建的，可用"选择 VI"子模板找到。按照图 2-101 所示连线。

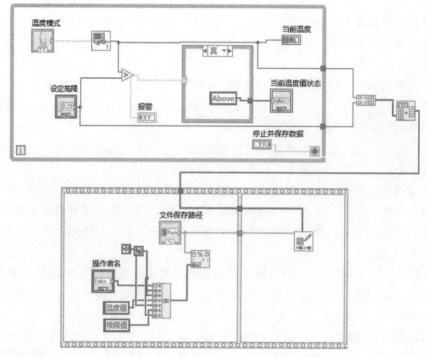

图 2-101 主 VI 的程序框图

3）在前面板，使用标注工具，双击模式开关的"OFF"标签，并把它修改为"华氏"，再把"ON"标签修改为"摄氏"。如要转换开关状态，使用操作工具。

4）创建条件结构。"真"与"假"同属于一个条件结构。根据其输入端的数值来决定执行哪一个选择程序。如果"Thermometer"VI 子程序返回的温度值大于"设定高限"数值，将执行"真"程序；反之，则执行"假"程序。

5）创建写入带分隔符电子表格。利用该功能把一个字符串写入一个新的文件或者附加到一个已存在的文件中。它在写入前打开或者创建一个文件，在完成时关闭该文件。在本例中，它用来建立头文件格式。

6）创建数组至电子表格字符串转换。在程序框图空白处单击鼠标右键，选择"字符串"→"数组至电子表格字符串转换"。利用该功能把一个二维或者一维单精度数组转换成字符串，并把字符串写入一个新文件或者附加在一个已存在的文件后面。在本任务中，它将由温度采集数据和上限值组成的二维数组附加在一个已创建了头文件的数据文件后面。

7）返回前面板，在"设定高限"控制栏中输入 30，在"操作者名"控制栏中输入用户的名字，在"文件保存路径"中输入数据文件名（例如 C：\ testdata. txt），运行该程序。当按下"停止并保存数据"开关后，系统生成一个 ASCII 码文件。

8）将文件命名为"Temperature Control"，保存并退出。

四、问题探究

? 什么是头文件?

头文件是一种包含功能函数、数据接口声明的载体文件，用于保存程序的声明（Declaration），而定义文件用于保存程序的实现（Implementation）。

头文件的主要作用在于多个代码文件全局变量（函数）的重用、防止定义的冲突、对各个被调用函数给出一个描述，其本身不需要包含程序的逻辑实现代码，它只起描述性作用。用户程序只需要按照头文件中的接口声明来调用相关函数或变量，连接器即可从库中寻找相应的实际定义代码。

？ 什么是数据文件？

数据文件一般是指数据库的文件，如每一个 Oracle 数据库有一个或多个物理的数据文件（Data file）。一个数据库的数据文件包含全部数据库数据。逻辑数据库结构（如表、索引）的数据存储在数据库的数据文件中。数据文件有下列特征：一个数据文件仅与一个数据库联系，一旦建立，数据文件的大小就不能改变了；一个表空间（数据库存储的逻辑单位）由一个或多个数据文件组成。数据文件中的数据在需要时可以读取并存储在 Oracle 内存储区中。例如，用户要存取数据库一个表的某些数据，如果请求信息不在数据库的内存储区内，则从相应的数据文件中读取并存储在内存中。当修改和插入新数据时，不必立刻写入数据文件。为了减少磁盘输出的总数，提高性能，数据存储在内存，然后由 Oracle 后台进程 DBWR 决定如何将其写入到相应的数据文件中。

五、知识拓展

这里介绍一下 LabVIEW 中文本文件的数据记录和存储。文本文件是由若干行字符构成的计算机文件，根据本文存储方式的不同有多种格式，如 doc、txt、inf 等。此处的文本文件是指能够被系统终端或者简单的文本编辑器接受的格式，可以认为这种文件是通用的、跨平台的。对通用的英文文本文件而言，ASCII 码是最为常见的编码标准；如果需要存储带重音符号的英文或其他非 ASCII 字符，则必须选择一种字符编码，如 UTF-8。

尽管 ASCII 标准使得只含有 ASCII 字符的文本文件可以在 UNIX、Macintosh、Microsoft Windows、DOS 和其他操作系统之间自由交互，但是在这些操作系统中，换行符并不相同，处理非 ASCII 字符的方式也不一致。换行（End-of-Line，EOL）是一种加在文字字符最后位置的特殊字元，它可以确保下一个字符能够出现在下一行。ASCII 编码分别使用 LF（Line Feed，0Ah）或 CR（Carriage Return，0Dh）或 CR+LF 来表示换行，不同的操作系统处理换行的方式如下：

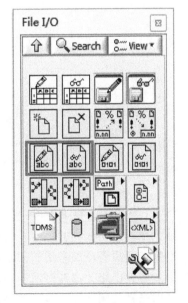

图 2-102　File I/O 选板

1）LF 用于 UNIX 或 UNIX 兼容系统（GNU/Linux，Mac OS X……），RISC OS。

2）CR 用于 Apple Ⅱ家族。

3）CR+LF 用于 Windows 系统和大部分非 UNIX 操作系统。

LabVIEW 中的文本文件读写采用图 2-102 所示的两个函数完成，即黑框左侧的 "Write To Text File" 和黑框右侧的 "Read From Text File"。这两个函数是多态函数，可以接收文件句柄（File Reform）和文件路径（File Path）两种输入形式。

这里通过一个数据读写的实例来介绍这两个函数的使用方法。如图 2-103 所示，程序将一个二维数组转换为字符串后写入文本文件中，自动生成该 Test. xls 文件（如果已经存在该名称的文件，则自动覆盖而不提示用户）。尽管文件扩展名为 xls（Microsoft Excel 格式），但其实质上是文本文件，用各种文本编辑工具均可以打开（事实上也可以采用任何自定义格式的扩展名）。

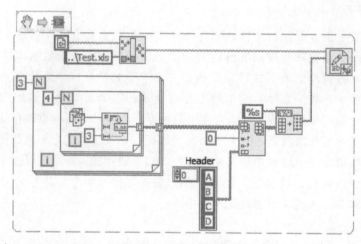

图 2-103　写入文本文档

如果需要将现有的数据添加到原有的文本文件中，应该如何处理呢？运行图 2-104 所示的程序，打开文件后，使用"Set File Position"将文件指针移动到文件尾，再写入数据，并关闭文件。

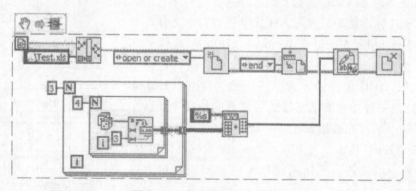

图 2-104　写入附加文本文件

对比图 2-103 和图 2-104 可以看出，尽管都使用了"Write To Text File"函数，但是二者的输入形式是不一样的：前者使用文件路径，而后者使用文件句柄。此外，前者只使用了一个函数，而后者还加入了"Close File"函数。事实上，当使用文件路径直接连入（或者为空，此时弹出路径选择对话框）到"Write To Text File"函数中时，LabVIEW 将在执行完该函数时自动关闭文件；但是如果是使用文件句柄连入到该函数或者将函数的输出句柄连接到其他的函数，则 LabVIEW 认为文件仍然在使用，并不自动关闭。

用鼠标右键单击"Write To Text File"函数，在弹出的快捷菜单中有一个"Convert

EOL"选项，它默认是选中的。当勾选该选项后，该函数把所有基于操作系统的 EOL 字符（行结束符）转换为 LabVIEW EOL 符，如将单独的"\r"和"\n"转换成"\r\n"行结束符。

图 2-105 所示为从 Test. xls 中读取数据的程序框图，使用"Read from Text File"函数可读取文本文件中的字符串，程序员可以对这些字符串进行后续的处理，图 2-105 中转化为 Double 数组。事实上，"Read from Text File"函数也能接受文件路径和文件句柄两种输入形式，但是当只需读取文件的部分字节时，就要使用到句柄操作。

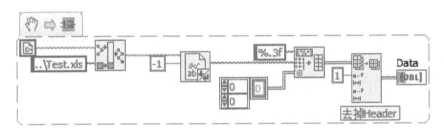

图 2-105　从 Test. xls 中读取数据的程序框图

"Read from Text File"函数有一个 count 输入，表示从文本文件中读取的字节数（byte），当设置为-1 时表示整个文本。此外，在函数的右键快捷菜单中选择"Read Lines"，表示以行为单位（而不是字节）读取文本文件。"Read from Text File"函数同样也提供"Convert EOL"选项，选择该选项时，函数把所有基于平台的行结束符转换为换行符，如将"\r"和"\r\n"转换为"\n"。

从"Read from Text File"函数的 count 端子可知，该端子为一个 I32 型整数。当将其他类型的整数连入到该端子时，将自动转换为 I32 型整数。如果文件过大，超过了 I32 型数据的表示范围，则需要分段读取。

如何将一个文本文件的内容清空，但是不将该文件删除？这个问题是程序员经常遇到的。一个简单的方式就是使用"Open/Create/Replace File"函数，将 operation 参数设置为"replace and create"。但是如果文件在使用过程中，如何将文件内容清空呢？程序框图如图 2-106 所示。

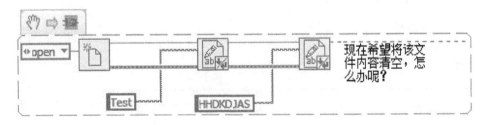

图 2-106　清空文件内容的程序框图

可以先使用"Close File"函数关闭该文件，再使用"Open/Create/Replace File"函数新建该文件。此外，LabVIEW 提供了一种字节控制的方式，由此能够迅速地清空文件中的内容，如图 2-107 所示。

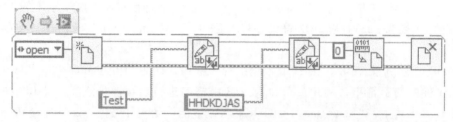

图 2-107 使用 "Set File Size" 函数清空文件内容的程序框图

毫无疑问，文本文件在数据存储方面是非常重要的。通用、简单和易用似乎是其最大的优势，这一点从上面的例子中就可以看出。但是，从测试测量的数据存储方面来说，它也有一些缺点。例如，读写速度比较慢，不适合于高速数据记录；文件取址和检索比较麻烦，无法实现快速定位；当数据量太大时，打开文本文件会非常慢。此外，文本文件无法存储颜色、文本、图像和视频等多媒体信息。

六、评价反馈

基本素养（30 分）				
序号	评价内容	自评	互评	师评
1	纪律（无迟到、早退、旷课）(10 分)			
2	安全规范操作(10 分)			
3	团结协作能力、沟通能力(10 分)			
理论知识（20 分）				
序号	评价内容	自评	互评	师评
1	对 LabVIEW 头文件和数据文件的理解(20 分)			
技能操作（50 分）				
序号	评价内容	自评	互评	师评
1	子 VI 前面板的设计(10 分)			
2	子 VI 程序框图的设计(10 分)			
3	主 VI 前面板的设计(10 分)			
4	主 VI 程序框图的设计(10 分)			
5	程序能够顺利运行(5 分)			
6	程序界面美观(5 分)			
综合评价				

七、练习与思考题

1. 填空题

1）头文件是一种包含＿＿＿＿和＿＿＿＿的载体文件，主要用于保存＿＿＿＿，定义文件用于保存＿＿＿＿。

2）头文件的主要作用在于＿＿＿＿、＿＿＿＿和＿＿＿＿，其本身不需要包含程序的＿＿＿＿，它只起＿＿＿＿作用。

2. 操作题

设计一个 LabVIEW 程序，实现下列功能：假设传感器输出电压与温度成正比。例如，当温度为 70°F 时，传感器输出电压为 0.7V。本程序也可以用摄氏温度来代替华氏温度显示，当温度超出上限（High limit）时，前面板上的 LED 灯点亮，并且有一个蜂鸣器发声。试使用顺序结构和包括头文件的数据文件。当程序停止数据采集后，自动生成数据文件的头文件，它包括操作者名字和文件名，然后将采集的数据附在头文件后面。

项目三
myRIO 配置

任务一 第一个 myRIO 项目

一、学习目标

1）掌握 myRIO 的项目配置和硬件配置方法。

2）了解 LabVIEW 在 myRIO 中的使用注意事项。

二、工作任务

1）完成 myRIO Project 的创建。

2）运行新建的 myRIO Project，完成从 myRIO 设备上读取三轴加速度的 Main.vi 程序模板的测试。

三、实践操作

1. 启动 LabVIEW

在启动 LabVIEW 时，系统弹出"Set Up and Explore"对话框，如图 3-1 所示，单击"Close"按钮，进入图 3-2 所示的 LabVIEW 启动界面。

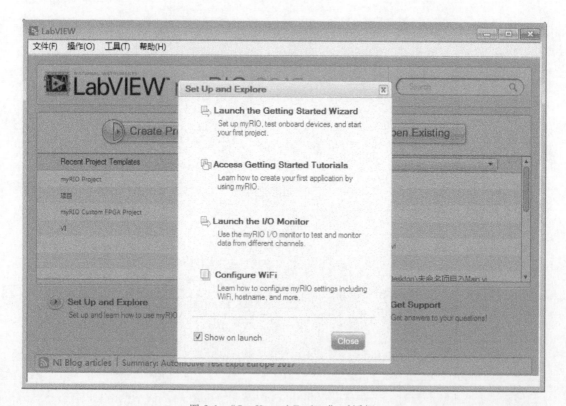

图 3-1 "Set Up and Explore" 对话框

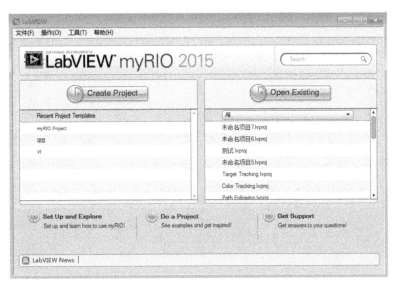

图 3-2　LabVIEW 启动界面

2. 创建项目

在 LabVIEW 启动界面上单击"Create Project"按钮，弹出"创建项目"对话框，如图 3-3 所示，在其左侧列有不同的模板，用户单击选择"myRIO"之后就会显示相应的模板。

图 3-3　"创建项目"对话框

选择"myRIO Project"，打开图 3-4 所示对话框，用户可自行修改"Project Name"和"Project Root"的内容。如果 myRIO 设备和计算机之间用 USB 线连接，系统自动搜索并在"Target"一栏中显示已连接的硬件设备；如果显示没有 myRIO 设备，用户可在"Target"项下点选"Generic Target"，先进行程序的开发，然后连接硬件，便可以直接运行该程序。单击"完成"按钮，结束项目的创建。

在程序自动创建的项目浏览器中，用户可以观察到主程序，如 Main. vi，如果主程序是在 myRIO 下面，那么它在该 myRIO 设备内置的 ARM 处理器上运行。本项目中的 Main. vi 是一个示例程序，可直接运行。

双击打开 Main. vi，如图 3-5 所示，可以看到其程序框图。程序框图中的顺序结构使用户更清晰地了解其数据流向。整个程序是一个每 10ms 执行一次的 While 循环，它从板载加速度传感器上读取 X 轴、Y 轴、Z 轴的加速度数据。

双击打开快速 VI Accelerometer，勾选三个轴，则每次运行循环时都读取这三个轴的数据。单击 View Code，可以查看底层 VI。在程序框图中单击鼠标右键，打开函数选板中的

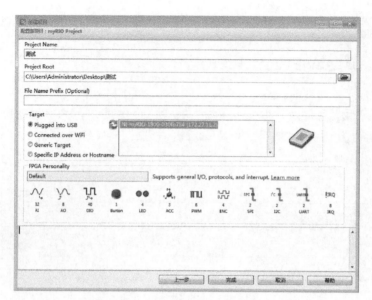

图 3-4 "创建 myRIO 项目"对话框

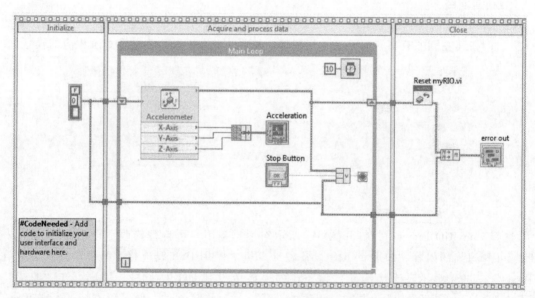

图 3-5 Main. vi 程序框图

myRIO 函数选板，可以看到板载 I/O 资源有多个现成的快速 VI 函数。

3. 运行示例程序

1）确保 myRIO 设备已通过 USB 线与计算机相连。

2）右键单击项目浏览器中的 myRIO 目标，在弹出的快捷菜单中选择"连接"如图 3-6 所示。

3）只有保证 myRIO 设备与计算机连接上才能编译下载程序。连接成功后单击"关闭"按钮。

4）打开 Main. vi 程序，单击"运行"按钮，可以看到程序编译下载至 ARM 处理器上的过程，如图 3-7 所示，编译下载完成后单击"关闭"按钮，程序开始运行。可通过摇晃摆动 myRIO 设备来观察图形图表中显示的从 X 轴、Y 轴、Z 轴上采集到的加速度数据（见图 3-8），单位为 g，其中 Z 轴上有针对自由落体的参考系。

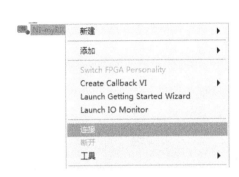

图 3-6　连接 myRIO 设备

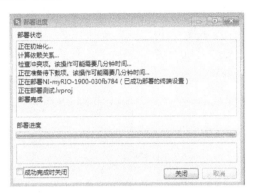

图 3-7　程序编译下载至 ARM 处理器

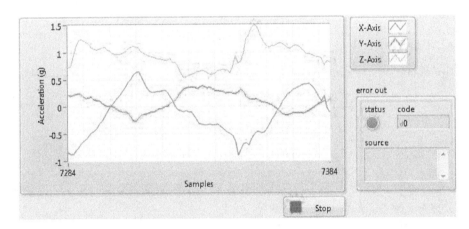

图 3-8　Main. vi 程序运行界面

注意：尽管本程序与使用数据采集卡（例如 myDAQ）的程序具有同样的功能，但两者有着本质的区别：使用数据采集卡的程序，是在 CPU 上运行的，数据同样也是由 CPU 直接显示的；而使用 myRIO 设备的程序是在板载芯片上的 ARM 嵌入式处理器中运行的，由 LabVIEW 软件底层基于网络的传输机制自动将数据传至上位机，因此在计算机的 LabVIEW 软件界面上也能看到显示数据。

由于上述 LabVIEW 软件的自动传输机制，程序始终会将需观测的数据从嵌入式处理器中传输至计算机上，所以必然会消耗一部分资源。因此，绝大部分的嵌入式程序并没有上述示例程序中的显示界面，它们一般适用于调试阶段或必要的数据监测。

4. 修改示例程序

为了能更好地理解程序运行在嵌入式处理器上这一概念，可以对示例程序稍加修改，使得修改后的程序能实现当 Z 轴的加速度大于 2g 时，myRIO 设备上的一个 LED 灯被点亮。

1）按照图 3-9 修改示例程序的程序框图。

① 将 Z 轴的加速度与 2g 做比较。

② 使用 LED 快速 VI。在函数选板上选择"myRIO"→"LED",这是一个使用板载 LED 资源的快速 VI。在快速 VI 的设置界面中,如果仅想使用 LED3,则可取消勾选 LED0 ~ 2。完成连线后即可实现当 Z 轴加速度大于 $2g$ 时,LED3 灯被点亮。

③ 复合运算、错误合并,按照数据流将错误簇连接好。

2)确保 myRIO 设备与计算机之间已完成连接操作,单击"运行"按钮,下载编译程序。在 Z 轴方向施加加速度,观察 LED3 灯的显示情况。

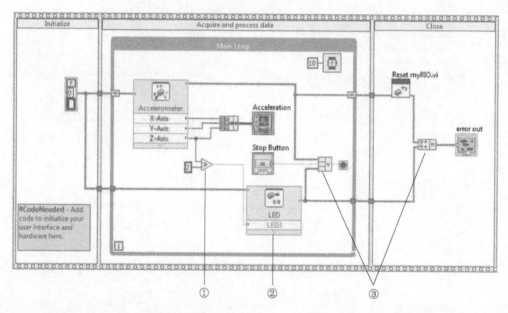

图 3-9 修改后的"Main. vi"程序框图

3)断开 myRIO 设备与计算机之间的 USB 连线(此时程序并未终止运行),继续在 Z 轴方向施加加速度,观察 LED3 灯的显示情况。

通过上述实验可以发现,当断开 myRIO 设备与计算机之间的连接后,计算机上的 LabVIEW 界面停止更新,但当继续给 myRIO 设备的 Z 轴方向上施加大于 $2g$ 的加速度时,LED3 灯依旧被点亮,就是因为程序是运行在板载嵌入式处理器上的。通过对示例程序的修改,可以对 myRIO 设备上 ARM 处理器的编程有初步的了解和认识。虽然在此过程中并没有直接涉及对 FPGA 电路模块的开发,但如果查看程序

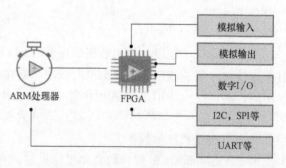

图 3-10 myRIO 模块中 ARM 处理器与 FPGA 电路模块的关系

中所用快速 VI 的底层代码,便可发现其中已经调用了 FPGA 电路模块的接口(见图 3-10),即研发人员在开发 myRIO 模块时,已经完善了相关的 FPGA 电路模块的编程代码,使得在进行 ARM 开发时能更方便快捷。函数选板上现有的 myRIO 驱动函数已经可以满足大多数外围 I/O 进行交互并实现很多功能,但在特殊情况下,如自定义的信号处理或者实时性要求非常高的控制应用,现有的函数并不能满足要求,此时可以考虑自定义 FPGA 电路模块上的

程序。

四、问题探究

? 什么是 myRIO？

　　myRIO 是 NI 公司针对教学和创新应用而推出的嵌入式系统开发平台。myRIO 内嵌 Xilinx 公司的 Zynq 芯片，用户利用 ARM 公司 Cortex-A9 双核处理器的实时性能以及 XilinxF 公司的 FPGA 电路模块可定制化 I/O 接口，学习从简单嵌入式系统开发到具有一定复杂性的系统设计。myRIO 设备的便携性、快速开发体验、丰富的配套资源和指导书，使用户在较短时间内就可以独立开发完成一个完整的嵌入式工程项目应用，它特别适合用于控制、机器人、机电一体化、测控等领域的课程设计或创新项目开发。

五、知识拓展

　　美国国家仪器公司提出的虚拟测量仪器概念引发了传统仪器领域的一场重大变革，使计算机和网络技术得以长驱直入仪器领域，和仪器技术结合起来，从而开创了"软件即是仪器"的先河。"软件即是仪器"这是 NI 公司提出的虚拟仪器理念的核心思想。从这一思想出发，基于计算机或工作站、软件和 I/O 部件来构建虚拟仪器。I/O 部件可以是独立仪器、模块化仪器、数据采集（Data Acquisition，DAQ）板或传感器。NI 公司拥有的虚拟仪器产品包括软件产品（如 LabVIEW）、GPIB 产品、数据采集产品、信号处理产品、图像采集产品、DSP 产品和 VXI 控制产品等。NI 公司提出虚拟仪器概念以后，推出了图形化虚拟仪器专用开发平台 LabVIEW。这种平台采用独特的图形化编程方式，编程过程简单方便，是目前很受欢迎的虚拟仪器主流开发平台。

　　我国虚拟仪器的发展，最早也是从引进、消化国外的虚拟仪器产品开始的。经过几十年的发展，虚拟仪器在我国的研究和应用方面都得到了长足的发展。例如基于虚拟仪器技术的新型扭矩传感器，它具有灵活、可自定义、具有强大数据处理和分析功能、易于嵌入数字补偿等优点。利用虚拟仪器的自动化检测和远程实时在线检测功能，可将虚拟仪器应用于传统仪器难以胜任的测量环境，如有毒、危险、远程多参数测量环境下的实时参数检测。

　　虚拟仪器技术利用高性能的模块化硬件，结合高效灵活的软件来完成各种测试、测量和自动化的应用。

　　传统仪器与虚拟仪器最重要的区别在于：虚拟仪器的功能由用户根据使用要求自定义，而传统仪器的功能是由厂家事先定义好的。

　　NI 虚拟仪器技术具有以下四大优势：

　　（1）性能高　NI 虚拟仪器技术是在计算机技术的基础上发展起来的，所以完全继承了以计算机技术为主导的最新商业技术优点，不断发展的因特网和越来越快的计算机网络使虚拟仪器技术展现出更强大的优势。

　　（2）扩展性强　NI 公司的软硬件工具使用户不再受限于当前的技术。在利用最新科技的时候，可以把它们集成到现有的测量设备，最终以较少的成本加速产品上市的时间。

　　（3）节约时间　在驱动和应用的两个层面上，NI 公司高效的软件构架能与计算机、仪器仪表和通信方面的最新技术结合在一起。

　　（4）无缝集成　NI 公司的虚拟仪器软件平台为所有的 I/O 设备提供了标准的接口，帮助用户轻松地将多个测量设备集成到单个系统中，减少了任务的复杂性。

六、评价反馈

基本素养(30分)				
序号	评价内容	自评	互评	师评
1	纪律(无迟到、早退、旷课)(10分)			
2	安全规范操作(10分)			
3	团结协作能力、沟通能力(10分)			
理论知识(20分)				
序号	评价内容	自评	互评	师评
1	myRIO 项目配置(10分)			
2	硬件配置方法(10分)			
技能操作(50分)				
序号	评价内容	自评	互评	师评
1	创建项目(10分)			
2	独立完成 USB 线的连接(10分)			
3	程序校验(10分)			
4	操作 myRIO 的自带程序(10分)			
5	程序运行(10分)			
综合评价				

七、练习与思考题

1. 填空题

1）myRIO 设备可以通过_____与计算机连接。

2）myRIO Project 运行时，程序运行在_____上。

2. 简答题

1）什么是 myRIO？

2）如何将计算机与 myRIO 连接？

3）是否能在没有 myRIO 的情况下进行程序设计？在程序设计完毕后，如何重新与 myRIO 进行连接？

任务二　I/O 数据通信

一、学习目标

1）掌握 myRIO 控制外部 LED 灯的方法。

2）掌握八段数码管在 myRIO 上的使用方法

二、工作任务

1）设计 LED 灯的程序并接线。

2）设计和修改七段数码管的程序。

3）对七段数码管进行正确接线。

4）控制七段数码管的显示数字。

所需的零部件：LED 灯、七段数码管、面包板、导线若干。

三、实践操作

1. 利用虚拟按钮控制外置 LED 灯

1）在 LabVIEW 中新建一个 myRIO 项目，项目名为"单个 LED 灯的控制"，软件自动生成任务一中所用的读取三轴加速度的 Main.vi 程序模板。

2）对程序模板进行修改，去掉顺序结构和不需要的程序部分，按图 3-11 重新连接程序框图。

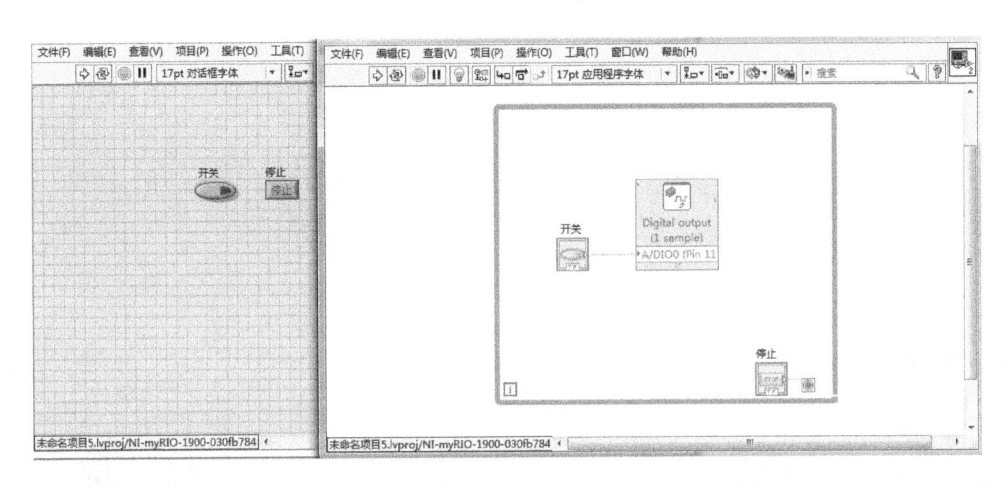

图 3-11　虚拟按钮控制外置 LED 灯的程序框图

3）在函数选板选择"myRIO"→"digital output"，通过数字量输出端口输出高低电平控制 LED 灯的亮灭，在配置界面选择通道"A/DIO0（Pin 11）"。

4）在前面板选择"布尔"→"开关按钮"，将其放置到前面板，在程序框图面板把布尔按钮的名字改为"开关"并将其连接到"A/DIO0（Pin 11）"，用此布尔按钮来进行 LED 灯的高低电平输入控制。

2. 七段数码管的控制

（1）硬件配置　电位器使用 AI1 通道，通过读取 AI1 通道的输入来控制八段数码管的显示。给电位器加上 3.3V 的电压，将其输出端接至 AI1 通道，则模拟输入通道 AI1 读取的就是变化的电位信息。当旋转电位器旋钮时，数码管的显示从 0 加至 9。

（2）软件实现方法　按以下步骤编写程序：

1）在 LabVIEW 中新建一个 myRIO 项目，项目名为"8-seg display"，软件自动生成任务一中所用的读取三轴加速度的 Main.vi 程序模板。

2）对程序模板进行修改，去掉顺序结构和不需要的程序部分，按图 3-12 重新连接程序框图。

3）在函数选板选择"myRIO"→"AnalogInput"，通过模拟量输入端口读取电位器的输出电压，在配置界面选择输入通道"B/AI1（Pin 5）"。

4）子 VI 把 AI1 通道读取到的电压转换成数码管对应的显示输出。因为编程稍为烦琐，所以将这部分程序设计为子 VI，可以直接调用。可以将 AI to LED Converter.vi 文件直接拖入项目，也可以在项目管理器界面用鼠标右键单击 myRIO 来添加文件。在子 VI 的程序框图中有较为详细的程序注释，程序输出为布尔型一维数组。

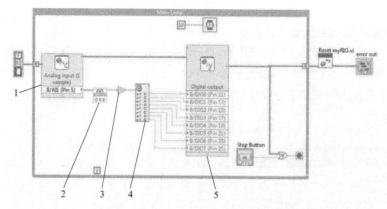

图 3-12 "8-seg display"程序框图

1—读取 5 号口的模拟量数据 2—模拟量转数字量数组

3—按位取非 4—分解数组 5—数字量输出

5）创建非门。由于所用为共阳极数码管，即输入为低电平时有效，因此需要对此处数组用非门取反。

6）创建索引数组。其目的是将一维数组里的元素逐个赋予 myRIO 设备开关量输出端口，进而控制数码管。

7）创建数字量输出函数。在函数选板选择"myRIO"→"Digital Output"，根据图 3-13 所示的接线图，将数码管端口 a~g 分别接到通道 DIO0~DIO6 上。如图 3-14 所示，可以按照图 3-13 所示添加通道，注意还有八段数码管的一个点的通道。

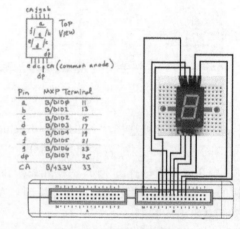

图 3-13 八段数码管接线图

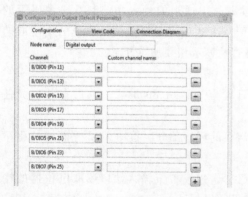

图 3-14 通道设置

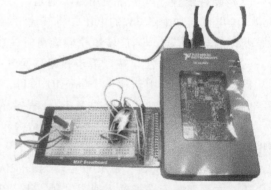

图 3-15 八段数码管和电位器的工作实物图

8）保存程序，将 myRIO 设备与计算机相连，单击"运行"按钮，程序自动编译下载。调节电位器，观察数码管的显示情况。断开 USB 连线，可以发现程序仍然在 myRIO 上运行，再一次验证了程序是运行在实时处理器上的。图 3-15 所示为八段数码管和电位器的工作实物图。

八段数码管一次性占用 8 个通道，目前嵌入式应用中使用数码管的情况并不多，而是更多地使用 LCD 液晶屏，直接通过 UART 端口与 myRIO 通信，比较方便快捷。

【拓展实验】通过修改程序，实现一个跑马灯的效果，即使用数码管的 6 个 LED 灯，根据电位器的调节以不同速率循环显示，并且可以通过前面板按钮改变跑马灯的方向。

四、问题探究

? 什么是 I/O 接口？

I/O 接口是一种电子电路（以 IC 芯片或接口板形式出现），由若干专用寄存器和相应的控制逻辑电路构成。它是 CPU 和 I/O 设备之间交换信息的媒介和桥梁。CPU 与外部设备、存储器的连接和数据交换都需要通过接口设备来实现，其中连接外部设备的接口被称为 I/O 接口，而连接存储器的接口则被称为存储器接口。存储器通常在 CPU 的同步控制下工作，接口电路比较简单；而 I/O 设备品种繁多，其相应的接口电路也各不相同，习惯上所说的接口是 I/O 接口。

? 什么是数码管？

数码管是一种半导体发光器件，可分为七段数码管和八段数码管，区别在于：八段数码管比七段数码管多一个用于显示小数点（Decimal Point，DP）的发光二极管单元。

数码管价格便宜、使用简单，通过对其不同的引脚输入相对的电流，使其发亮，从而显示出数字，能够用于显示时间、日期、温度等所有可用数字表示的参数。

在电器特别是家电领域中，数码管的应用极为广泛，如显示屏、空调、热水器、冰箱等。绝大多数热水器用的都是数码管，其他家电也用液晶屏与荧光屏。

五、知识拓展

1. 数码管的工作原理

八段数码管电路采用共阴连接，阴极公共端（COM）由晶体管推动。常见的数码管共有两种，如图 3-16 所示。

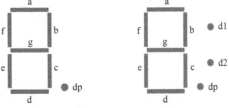

图 3-16　两种数码管

段码即段选信号 SEG，它负责数码管显示的内容，图 3-16 中 a~g、dp 组成的数据（a 为最低位，dp 为最高位）就是段码。例如数码管显示 "1" 时对应的段码为 "0X06"（b=1，c=1，其他都为 0，即段码为 00000110b），显示 "8" 时对应的段码为 "0X7f"。位码即位选信号 DIG，它决定哪个数码管工作。哪个数码管不工作。例如仅使能 DIG4，那么 6 个 LED 灯中只有 LED4 灯工作，而其他的 5 个都不工作。

选中数码管的位信号，再给出显示数字的段码，可使数码管显示数字。例如在第一个数码管上显示数字 "6" 时，如图 3-17 所示，先选中第一位数码管的位信号（实验箱上标号是 "1"），即先给与数码管 1 相连接的 I/O 接口送 "1"，再把段码设置为 "0X007d"，即在 a、c、d、e、f、g 各段引出的端口为高电平。

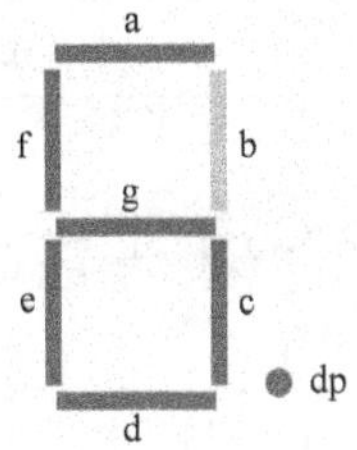

图 3-17　数码管
显示 "6"

2. 用 SPCE061A 控制六位八段数码管的显示

八段数码管的上面有 16 对引脚，其中有 7 个（a、b、c、d、e、f、g）用于控制此数码管的段码选择，另有 6 个（1、2、3、4、5、6）用于控制该数码管的位选择，DD 控制点或分隔符号，DP 控制小数点。把实验箱上 JP4 和 JP5 的引脚用跳线全部短接。图 3-18 所示为 SPCE061A 与六位 LED 显示电路模块的连接。

按照前述数码管的显示原理，当要在第四个数码管上显示字母 "E" 时，先通过 IOB12 端口给显示电路模块端口 4 送 "1"，选中第四个数码管；由图 3-17 可以看出，显示 "E" 时，需要 a、d、e、f、g 段被点亮，所以给 IOA0、IOA3、IOA4、IOA5、IOA6 端口各送 "1"，则在 a、d、e、f、g 端口各能检测到一个高电平，点亮 a、d、e、f、g 段，数码管显示字母 "E"。

3. 动态显示原理

动态显示是比较常用的数码管显示方式，它可以很好地解决端口资源紧张问题。以四位数码管为例说明动态显示的原理，其引脚如图 3-19 所示。

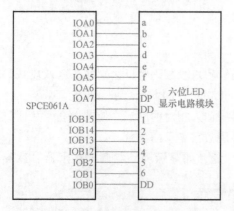

图 3-18　SPCE061A 和六位 LED
显示电路模块的连接

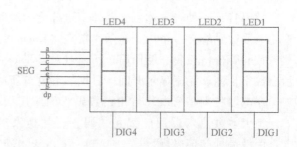

图 3-19　四位七段数码管的引脚

通过对 I/O 口的控制，能够实现长度为 0.5s 的定时中断，每次中断刷新数码管的显示内容，这样就能够实现动态显示，并且不占用过多的系统资源。

六、评价反馈

基本素养（30 分）				
序号	评价内容	自评	互评	师评
1	纪律（无迟到、早退、旷课）（10 分）			
2	安全规范操作（10 分）			
3	团结协作能力、沟通能力（10 分）			
理论知识（20 分）				
序号	评价内容	自评	互评	师评
1	连接 I/O 接口（10 分）			
2	连接技术要求（10 分）			

（续）

技能操作（50 分）				
序号	评价内容	自评	互评	师评
1	独立完成 I/O 接口的连接（10 分）			
2	独立完成硬件配置（10 分）			
3	LED 灯程序校验（10 分）			
4	操作 LED 灯的动作（10 分）			
5	程序运行（10 分）			
综合评价				

七、练习与思考题

1. 填空题

1）数码管可分为_____和八段数码管。

2）段码即段选信号_____，位码即位选信号_____。

2. 简答题

1）什么是 I/O 接口？

2）什么是数码管？

任务三　与计算机的 WiFi 通信

与计算机的 WiFi 通信

一、学习目标

1）掌握 WiFi 连接 myRIO 的配置方法。

2）了解 my RIO 中无线网络的配置方法。

二、工作任务

1）完成 WiFi 连接配置。

2）远程进行程序下载和监控 myRIO 运行。

三、实践操作

myRIO 不仅可以通过 USB 线缆与计算机相连，还可以通过 WiFi 来实现连接。

1. WiFi 配置

利用已有网络配置 WiFi 连接的步骤如下：

1）在完成 WiFi 连接配置前仍需要用 USB 线连接 myRIO 与计算机。

2）打开 NI MAXL 软件。展开远程系统，找到用 USB 线连接的 myRIO，单击选中。在右侧配置管理界面中，选择"网络设置"选项卡，如图 3-20 所示。

3）在"无线适配器"一栏进行配置。无线模式选择为"连接至无线网络"，国家选择为"中国"，选择要接入的无线网络后，按需要输入用户名和密码等信息，配置 IPv4 地址可选择为静态或是"DHCP 或 Link Local"。单击"保存"按钮后可发现状态变为已连接至所选无线网络，配置完成。

注意：myRIO 必须和上位机接入同一个无线网络中。

返回"系统设置"选项卡，在"IP 地址"一栏，除了显示通过 USB 线连接获得的虚拟网口地址（以太网）外，还有刚刚分配到的无线地址，如图 3-21 所示。

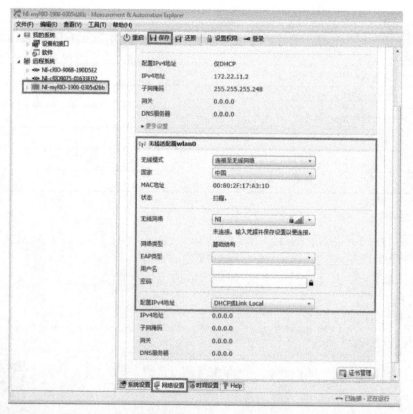

图 3-20　对 myRIO 进行网络配置

2．运行示例程序

1）打开 LabVIEW，新建一个 myRIO
项目模板。可以发现，除了按照之前的方
法通过 USB 线连接的方式搜索到目标设备
之外，还可以通过 WiFi 搜索到。即使断开
USB 线缆连接，也可以通过 WiFi 搜索到
myRIO 设备，如图 3-22 所示。

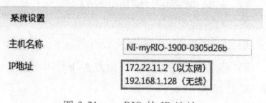

图 3-21　myRIO 的 IP 地址

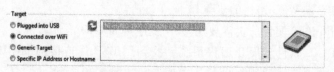

图 3-22　通过 WiFi 搜索到 myRIO 设备

2）将项目命名为 "myRIO WiFi"，单击 "Finish" 按钮，完成通过 WiFi 连接的 myRIO
项目的创建。

注意：在项目浏览器窗口，设备名称后的地址为 WiFi 地址，如图 3-23 所示。如果以后
WiFi 地址发生变化，则可以通过用鼠标右键单击设备名，选择 "属性"→"常规" 在 "IP
地址/DNS 名" 文本框中进行修改。

3）打开示例程序 Main.vi，单击 "运行" 按钮，开始编译下载。程序可在 ARM 处理器

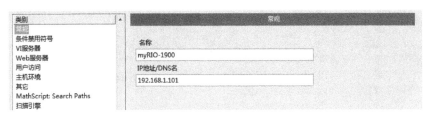

图 3-23　myRIO 属性修改

上正常运行。

　　上述方法实际上是通过一个外置的无线路由器来实现 WiFi 连接的，而 myRIO 自身还可以被配置为一个 WiFi 热点，上位机和其他智能终端都可以通过其发射的无线网络连接至 myRIO 设备上，不需要通过第三方的无线路由器来实现连接，在某些应用中会更加便捷，如车载应用等。myRIO 实现 WiFi 连接的不同方式如图 3-24 所示。

图 3-24　myRIO 实现 WiFi 连接的不同方式

　　注意：配置 myRIO 为热点的功能需要 myRIO13.1 或更高版本的驱动支持。

3. 升级驱动版本

　　如果 myRIO 的当前驱动版本已经满足要求，则不需要进行升级，可跳过此步骤。

　　1）确保 myRIO 已经连接至计算机，打开 NI MAX 软件，展开远程系统下的当前 myRIO 设备，找到"软件"项下的 myRIO 驱动，查看当前驱动的版本号，如图 3-25 所示。如需升级，则需要先在计算机上升级驱动版本。

　　2）在 NI 公司官网上搜索 myRIO13.1（或更高版本），找到 myRIO Device Driver 的驱动文件，或更高版本。在计算机上下载并安装好更新的驱动后，可以在"NI MAX"→"我的系统"→"软件"中查看到更新后的驱动版本号。

　　3）在"NIMAX"→"远程系统"→"myRIO"下用鼠标右键单击软件，在弹出的快捷菜中选择"添加/删除软件"，弹出"LabVIEW Real-Time 软件向导"对话框，选中新版本的 myRIO 驱动，单击"下一步"如图 3-26 所示。

　　注意：安装 LabVIEW 软件的中文版本时，需要将软件组附加软件→LabVIEW RT Add-ons→Language Support for Simplified Chinese 勾选上。

　　4）再次单击"下一步"按钮后，进行软件的同步更新。应保证 myRIO 系统中的软件模块与上位机中的一致，下载编译程序时就不会发生冲突。

　　5）安装完毕后单击"完成"按钮，可在远程系统中再次查看驱动版本号。

4. 配置接入网络

　　建议先连上 USB 线再进行以下操作。

　　1）在 NIMAX 软件中打开目标 myRIO 的"网络设置"选项卡，在"无线适配器"一栏

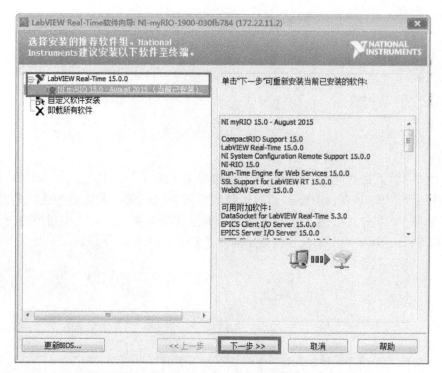

图 3-25　在 NIMAX 软件中查看 myRIO 的驱动版本号

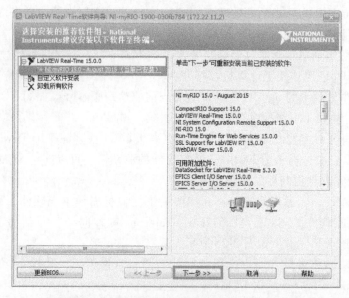

图 3-26　"LabVIEW Real-Time 软件向导"对话框

进行更改配置。

2）更改无线模式为"创建无线网络"，即在 myRIO 上创建一个无线网络的接入点。SSID 后的无线网络名，可设为"myRIO"。在直接接入模式下，需将配置 IPv4 地址修改为"仅 DHCP"，如图 3-27 所示。

3）单击"保存"按钮，可发现状态为"正在广播 myRIO"，同时显示新的 IPv4 地址，这是 myRIO 作为一个无线接入点分配的地址。

此时，myRIO 已工作在无线接入模式下，可以将其理解为一个自定义的热点，第三方设备可以连接到此无线接入点（Access Point，AP）上。在装有无线网卡的上位机中，可以直接通过无线网络连接功能与 myRIO 无线网络进行连接。再次断开 USB 线，与使用第三方无线路由器时类似，创建 myRIO 项目模板，通过 WiFi 找到目标硬件后，使用示例程序进行验证。

myRIO 的无线连接以及其作为无线 AP 的功能不仅是为了开发方便，更重要的是，利用上述

图 3-27　对 myRIO 进行网络配置

功能，可以在开发某些应用时，通过无线设备与 myRIO 通信，从而获得其数据状态等信息以及对其进行控制。例如要使 myRIO 通过 WiFi 与其他配有无线网卡的计算机相连，可以通过利用 LabVIEW 的网络共享变量、Data Socket 技术、TCP 或 UDP 协议等实现。

四、问题探究

? 什么是 WiFi 连接？

WiFi 是一种允许电子设备连接到一个无线局域网（WLAN）的技术，通常使用 2.4GHz UHF 或 5GHz SHF ISM 射频频段。无线局域网通常是有密码保护的，但也可以是开放的，在 WLAN 范围内的任何设备都可以连接到无线局面域网。WiFi 是一个无线网络通信技术的品牌，由 WiFi 联盟（WiFi Alliance）所持有，目的是改善基于 IEEE 802.11 标准的无线网路产品之间的互通性。有人把使用 IEEE 802.11 系列协议的无线局域网称为无线保真，其至把 WiFi 等同于无线网际网路（WiFi 是 WLAN 的重要组成部分）。

? 什么是 AP？

AP 是传统有线网络中的集线器，也是组建小型无线局域网时最常用的设备。AP 相当于一个连接有线网和无线网的桥梁，其主要作用是将各个无线网络客户端连接到一起，然后将无线网络接入以太网。

大多数的无线 AP 都支持多接入、数据加密、多速率发送等功能，有些产品还提供完善的无线网络管理功能，对于家庭、办公室这样的小范围无线局域网而言，一般只需一台无线 AP 即可实现所有计算机的无线接入。

AP 的室内覆盖范围一般是 30~100m，不少厂家的 AP 产品可以互联，以增加 WLAN 覆

盖面积。也正因为每个 AP 的覆盖范围都有一定的限制，正如手机可以在基站之间漫游一样，无线局域网客户端也可以在 AP 之间漫游。

五、知识拓展

WiFi 的应用领域有如下几个。

1. 网络媒体

由于无线网络的频段使用在世界范围内是无需任何电信运营执照的，因此 WLAN 设备提供了一个世界范围内可以使用的、费用极其低廉且数据带宽极高的无线空中接口。可以在 WiFi 覆盖区域内快速浏览网页，随时随地接听和拨打电话。而其他一些基于 WLAN 的宽带数据应用，如流媒体、网络游戏等功能更是值得期待。有了 WiFi 功能打长途电话（包括国际长途）、浏览网页、收发电子邮件、下载音乐、传递数码照片等时，再不用担心速度慢和花费高的问题。WiFi 技术与蓝牙技术一样，同属于在办公室和家庭中使用的短距离无线技术。

2. 掌上设备

无线网络在掌的设备的应用越来越广泛，如在智能手机上的应用。与早前应用于手机上的蓝牙技术不同，WiFi 技术具有更大的覆盖范围和更高的传输速率，因此 WiFi 手机成为近年来移动通信业界的时尚潮流。

3. 日常休闲

无线网络的覆盖范围在国内越来越广泛，酒店、住宅区、机场以及咖啡厅等场所绝大部分都有 WiFi 接口。当人们在这些场所旅游、办公时，可以使用掌上设备尽情上网。厂商在机场、车站、咖啡厅、图书馆等人员较密集的地方设置"热点"，并通过高速线路将因特网接入上述场所。由于"热点"发射出的电波可以达到距接入点半径数十米至 100m 的地方，人们只要将支持 WiFi 的笔记本式计算机或、PDA、手机、PSP 或 iPod Touch 等拿到该区域内，即可高速接入因特网。

人们在家也可以购买无线路由器后设置好局域网，进行无线上网。

WiFi 技术和 4G 技术的区别是：4G 网络在高速移动时传输质量较好，但处于静态时上网使用 WiFi 就足够了。

无线网络的规模商业化应用，在世界范围内是罕见成功的案例。究其原因，主要集中在两个方面：一是大型运营商对这一模式的不认可，二是本身缺乏有效的商业模式。

六、评价反馈

基本素养（30 分）				
序号	评价内容	自评	互评	师评
1	纪律（无迟到、早退、旷课）（10 分）			
2	安全规范操作（10 分）			
3	团结协作能力、沟通能力（10 分）			
理论知识（20 分）				
序号	评价内容	自评	互评	师评
1	WiFi 连接的应用（10 分）			
2	WiFi 连接的要求（10 分）			

（续）

技能操作（50分）				
序号	评价内容	自评	互评	师评
1	独立完成 WiFi 连接（30分）			
2	独立完成 WiFi 连接过程记录（20分）			
综合评价				

七、练习与思考题

1. 填空题

1）WiFi 技术的应用领域有网络媒体、_____、_____。

2）无线网络技术和 4G 技术的区别是_____。

2. 简答题

1）怎样通过 WiFi 连接 myRIO？

2）什么是 AP？

任务四　创建上电自启动程序

创建上电自启动程序

一、学习目标

1）掌握创建 myRIO 上电自启动程序的方法。

2）进一步学习 myRIO 项目的设置方法。

二、工作任务

创建 myRIO 的上电自启动程序。

三、实践操作

1. 修改程序

首先打开创建的项目。

1）在项目浏览器窗口中打开 myRIO 目标下的 Main.vi，使用 USB 线连接 myRIO 与开发上位机，单击"运行"按钮，确保程序能在实时操作系统上正常运行。

2）返回到项目浏览器窗口，选择 myRIO 目标下的"程序生成规范"→"新建"→"Real Time Application"，如图 3-28 所示。

3）配置应用程序。打开"My Real-Time Application 属性"对话框，在"Information"项中，生成程序规范名称可以是"7-seg display"，也可以为默认名称。下面三项配置都选择默认即可。在"Source Files"项中，应用程序可能会包含多于一个的 VI，

图 3-28　创建应用程序

但只能有一个顶层 VI，将其选择为启动 VI，子 VI 可选择为始终包括，其余选项默认即可，如图 3-29 所示。

4）选中"Preview"项，单击"生成预览"按钮。如果不希望将生成的错误信息写入实时操作系统，可在"Advanced"项中，取消勾选"Copy error code files"，然后单击"生

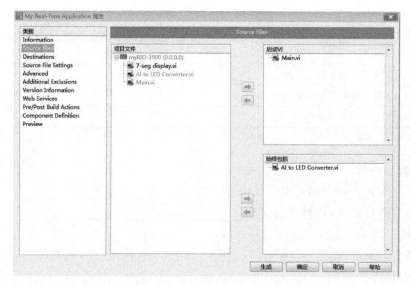

图 3-29   配置应用程序（一）

成预览"按钮。此时，只有必要的应用程序信息被写入 myRIO，如图 3-30 所示。

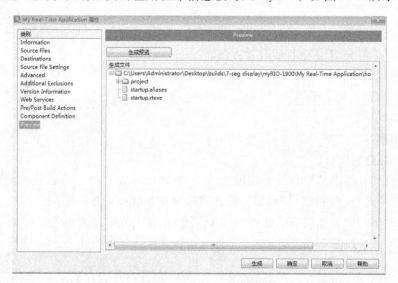

图 3-30   只含有必要信息的应用程序生成预览

5）单击"生成"按钮，生成应用程序，完成后即可在 myRIO 目标下看到生成的应用程序。用鼠标右键单击该应用程序，在弹出的快捷菜单中选择"Set as start up"命令，如图 3-31 所示。

用鼠标右键单击该应用程序，在弹出的快捷菜单中选择"Run as startup"命令，自动重启 myRIO 设备，配置完成。

用鼠标右键单击该应用程序，在弹出的快捷菜单中选择"浏览"命令，可在本地目录中查看目标文件

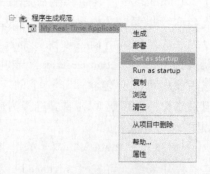

图 3-31   配置应用程序（二）

startup. rtexe 的具体位置。

6）用鼠标右键单击 myRIO 目标下的应用程序，选择"部署"命令，将程序部署到实时操作系统上。

可在浏览器中输入"172.22.11.2/files"来查看部署到 myRIO 上的目标文件，具体路径为 http：//172.22.11.2/files/home/lvuser/natinst/bin/。

2. 启用/禁用上电启动程序

1）右键单击 myRIO 目标，选择"工具"→"重启"，如图 3-32 所示重启 myRIO 设备，可以看到部署在其上的上电自启动程序开始自动运行。如果完全断电之后再上电，之前部署的程序仍会自动运行。

注意：上电自启动程序在 myRIO 设备重启完成，红色的"STATUS"状态灯熄灭后 10~15s 开始自动运行。

2）如果希望禁用上电自启动程序，在 myRIO 使用 USB 线与计算机相连的情况下，可在浏览器地址栏中输入"172.22.11.2"，并在"启动设置"中勾选"禁用 RT 启动应用程序"，如图 3-33 所示，单击"保存"按钮。

图 3-32　重启 myRIO 设备

图 3-33　通过网页禁用上电自启动程序

3）根据提示重启设备，重启后上电自启动程序不再自动运行。

4）也可以在 NI MAX 软件中启用或禁用上电自启动程序。打开 NI MAX 软件，在远程系统展开项中选中 myRIO，在右侧"系统设置"选项卡中打开"启动设置"，取消勾选或勾选"禁用 RT 启动应用程序"，修改语言环境为中文，如图 3-34 所示。

实际应用中可按照实际需求在 myRIO 上部署上电自启动程序，并加以运用。

四、问题探究

❓ 为什么要设定上电自启动程序？

当 myRIO 项目程序开发完成并应用的时候，都需要将程序设置为开机启动，这是由

myRIO 的运行机制决定的，因为每次程序下载完成时，都是存入临时存储区，并不进行程序的写操作，只有在定义后，才进行写操作。所以，只有程序开发完成后，需要 myRIO 独立运行时，才将程序设定为上电自启动。而在开发阶段，若每次上电都运行上次的程序，则每次上电前都需要将 myRIO 控制的运动部件放置在安全位置，以防其突然运动，导致其他后果。

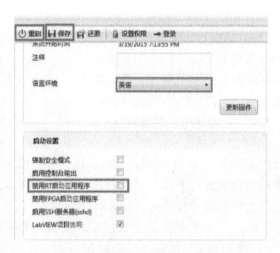

图 3-34　通过 NI MAX 软件启用或
禁用上电自启动程序

五、知识拓展

这里以 Windows 系统为例说明系统启动过程。Windows 系统的启动过程主要包括以下几个步骤。

1. 电源启动自检

在打开计算机电源时，首先开始电源启动自检。在 BIOS 中包含一些基本的指令，帮助计算机在没有安装任何操作系统的情况下进行基本的启动。电源启动自检程序首先从 BIOS 中载入必要的指令，然后进行如下一系列的自检操作：

1）进行硬件的初始化检查，如检查内存的容量等。

2）验证用于启动操作系统的设备是否正常，如检查硬盘是否存在等。

3）从 CMOS 中读取系统配置信息。在完成电源启动自检之后，每个带有固件的硬件设备，如显卡和磁盘控制器，都会根据需要完成内部的自检操作。

2. 初始化启动

在完成电源启动自检之后，存储在 CMOS 中的配置信息，如磁盘的引导顺序等信息，决定由哪些设备来引导系统。例如，如果磁盘的引导顺序为：首先通过 A 盘引导，其次通过 C 盘引导，则系统首先尝试用 A 盘引导系统，如果 A 盘存在并可引导，则通过 A 盘引导；如果 A 盘不存在，则通过 C 盘引导系统；如果 A 盘存在，但不是引导盘，则提示系统不可引导。

3. 引导程序载入

引导程序载入过程主要由 ntldr 文件完成。ntldr 文件从引导分区载入启动文件，然后完成如下任务：

1）在基于 x86 CPU 的系统下，设置 CPU 使用 32 位的 Flat 内存模式运行。

2）启动文件系统。ntldr 中包含相应的代码，能够帮助 Windows XP 系统完成对 NTFS 或 FAT 格式的磁盘进行读写，从而能够读取、访问和复制文件。

3）读取 boot.ini 文件。在这一步中，ntldr 文件会分析 boot.ini 文件，确定操作系统分区所在的位置。

4）根据需要提供启动菜单。在这一步，如果按下 <F8> 键，则显示启动菜单，允许用户选择不同的启动方式，如使用安全方式启动，或使用最后一次正确的配置启动等。

5）检测硬件和硬件配置。ntldr 文件启动 ntdetect.com 文件进行基本的设备检查，然后将 boot.ini 文件中的信息以及注册表中的硬件和软件信息传递给 ntoskrnl.exe 程序。

4. 检测和配置硬件

在处理完 boot. ini 文件之后，ntldr 文件启动 ntdetect. com 程序。在基于 x86 的系统中，ntdetect. com 程序通过调用系统固件程序来收集安装的硬件信息，然后将这些信息传递送回 ntldr 文件。ntldr 文件接收到从 ntdetect. com 发来的信息后，将这些信息组织成为内部的断气结构形式，然后由启动 ntoskrnl. exe 程序，并将这些信息发送给它。

5. 内核加载

ntldr 文件完成如下操作：

1）将内核（ntoskrnl. exe 程序）和硬件抽象层（hal. dll）载入到内存。
2）加载控制集信息。
3）加载设备驱动程序和服务程序。
4）启动会话管理器。

会话管理器（Session Manager）是一个名为 smss. exe 的程序，其作用表现如下：

1）创建系统环境变量。
2）创建虚拟内存页面文件。

6. 登录

Windows 子系统启动 winlogon. exe 程序，它是一个系统服务程序，对 Windows 系统提供登录和注销支持。winlogon. exe 程序可以完成如下工作：

1）启动服务子系统（services. exe 程序），也称服务控制管理器（Service Control Manager，SCM）。
2）启动本地安全授权（Local Security Authority，LSA）过程（lsass. exe 程序）。
3）在开始登录提示的时候，对<Ctrl+Alt+Del>组合键进行分析处理。

一个图形化的识别和认证组件收集账号和密码，然后将这些信息安全地传送给 LSA 以进行认证处理。如果提供的信息是正确的，能够通过认证，就允许对系统进行访问。

7. 即插即用设备的检测

对即插即用设备的检测，实际上是和登录过程异步进行的。系统固件、硬件、设备驱动和系统特性决定了 Windows 系统如何对新设备进行检测和枚举。当即插即用组件正常工作后，Windows 系统对新设备进行检测，为它们分配系统资源，并在尽量不提供选择的情况下，为新设备安装一个合适版本的驱动程序。

至此，Windows 系统成功启动。

六、评价反馈

基本素养(30 分)				
序号	评价内容	自评	互评	师评
1	纪律(无迟到、早退、旷课)(10 分)			
2	安全规范操作(10 分)			
3	团结协作能力、沟通能力(10 分)			
理论知识(20 分)				
序号	评价内容	自评	互评	师评
1	上电自启动步骤(10 分)			
2	上电自启动编程(10 分)			

（续）

技能操作（50分）				
序号	评价内容	自评	互评	师评
1	配置任一上电自启动程序（50分）			
	综合评价			

七、练习与思考题

1）设定上电自启动的原因是什么？

2）怎样修改上电自启动程序？

项目四
myRIO 应用

利用虚拟按钮控
制板载 LED 灯

任务一　利用虚拟按钮控制板载 LED 灯

一、学习目标

1) 掌握 myRIO 中板载 LED 灯的控制方法，以及数字量输出方法。

2) 掌握 myRIO 的输入/输出控制。

3) 掌握 myRIO 中 While 循环和寄存器的使用方法。

4) 理解寄存器的运行原理。

二、工作任务

1) 利用虚拟按钮控制板载 LED 灯。

2) 利用板载 LED 灯实现流水灯。

三、实践操作

1. 利用虚拟按钮控制板载 LED 灯

1) 在 LabVIEW myRIO 2015 软件中选择"文件"→"创建项目"然后选择项目模板，如图 4-1 所示，最后单击"完成"按钮。

图 4-1　新建项目

2) 默认的项目包括"我的电脑"，如图 4-2 所示。在"我的电脑"里写入的代码是运行在 Windows 操作系统的计算机中的。一个实时的目标 VI 必须运行在一个实时操作系统中，可以是 Windows 系统，也可以是其他实时操作系统，如 Linux 系统。要使代码运行在 myRIO 中，需要在项目中添加一个目标（myRIO），该 myRIO 作为一台计算机运行。右键单击项目，在弹出的快捷菜单中选择"新建"→"终端和设备"，如图 4-2 所示。

3) 在弹出的"在未命名项目 1 上添加终端

图 4-2　新建终端和设备

和设备"对话框中，选择现有终端或设备，也可以新建终端或设备，在这里点选新建终端和设备。LabVIEW 列出相应的可用硬件，用户选择"myRIO"→"myRIO-1900"，如图 4-3 所示。

图 4-3 选择 myRIO

4）保存项目。选择"文件"→"保存"，然后输入"我的第一个 myRIO 项目"，单击"确定"按钮。用鼠标右键单击"RT myRIO 终端（0.0.0.0）[未配置的 IP 地址]"，在弹出的快捷菜单中选择"新建"→"VI"，如图 4-4 所示，打开 LabVIEW 前面板。

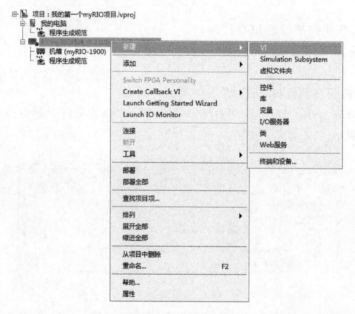

图 4-4 新建 VI 文件

5）在前面板选择布尔控件，添加四个 LED 灯控制按钮和一个停止按钮，如图 4-5 所示。

6）按<Ctrl+E>键打开程序框图，在程序框图添加一个 While 循环，在空白处单击鼠标右键，选择"myRIO"→"LED"控件，将四个布尔开关连到 LED 灯的四路输入中，将停止按钮的输出连到停止循环上，如图 4-6 所示。

7）在项目管理器中用鼠标右键单击"myRIO"，选择"属性"→"常规"在"IP 地址/DNS 名"文本框中输入"172.22.11.2"，然后在前面板中单击"运行"按钮，即可通过四个按钮控制 myRIO 设备上的四个 LED 灯。

2. 利用板载 LED 灯实现流水灯

1）打开 LabVIEW 前面板，添加一个停止按钮，如图 4-7 所示。

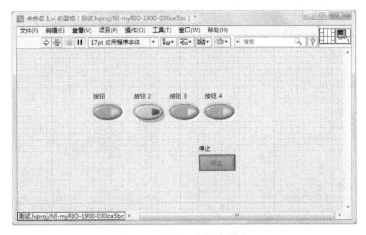

图 4-5　在前面板添加按钮

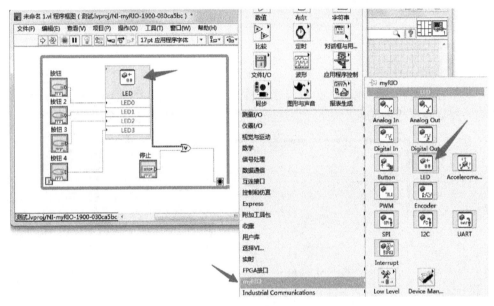

图 4-6　绘制程序框图

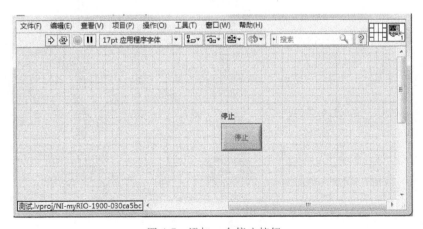

图 4-7　添加一个停止按钮

2）按<Ctrl+E>键打开程序框图，在程序框图添加一个 While 循环，在空白处单击鼠标右键，选择"myRIO"→"LED"控件。用鼠标右键单击 While 循环边框，选择"添加移位寄存器"，如图 4-8 所示。

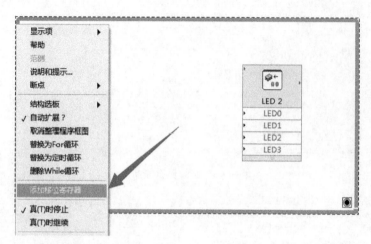

图 4-8　添加移位寄存器

3）用鼠标右键单击生成的移位寄存器，在弹出的快捷菜单中选择"添加元素"，如图 4-9 所示。然后在生成的元素上通过鼠标右键单击方法添加移位寄存器。

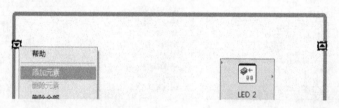

图 4-9　添加移位寄存器元素

添加三个元素，在 LED 输入处指针变为梭时单击鼠标右键，选择"创建"→"常量"，如图 4-10 所示。

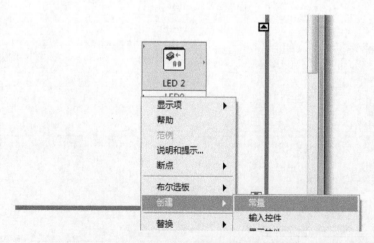

图 4-10　新建常量

4）复制三个常量，将四个常量拖到循环外面，分别将其连到四个寄存器的输入端进行赋初值，然后将四个寄存器的输出端连到四路 LED 的输入端，同时将左边框的最后一个寄存器输出端连到右边框的寄存器，将停止按钮连到停止循环处，如图 4-11 所示。

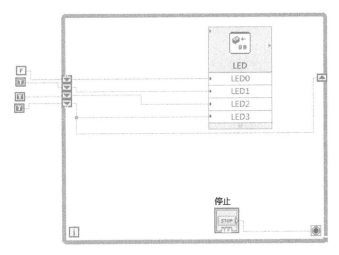

图 4-11　连接控件

5）选择"定时"→"等待（ms）"，添加延时控件，如图 4-12 所示。延时控件的输入端是一个值为 500 的常量。

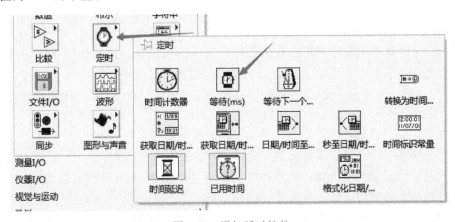

图 4-12　添加延时控件

6）图 4-13 所示为程序框图，连接好 myRIO 板后，单击"运行"按钮，观察到四个 LED 灯顺序循环点亮，单击停止按钮时，程序停止运行。

四、问题探究

LED 灯有什么特点？

1）节能。白光 LED 灯的能耗仅为白炽灯的 1/10，为节能灯的 1/4。

2）寿命长。LED 灯的寿命可达 10 万 h 以上，是传统钨丝灯的 50 倍以上。LED 灯采用了高可靠性的先进封装工艺—共晶焊，充分保障了 LED 的寿命，对普通家庭照明可谓有"一劳永逸"的效果。

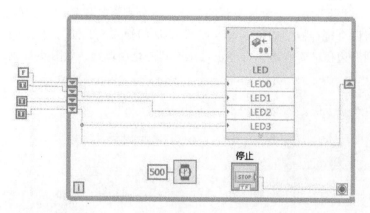

图 4-13　程序框图

3）LED 灯可以工作在频繁启动、关闭的状态，更加安全。

4）LED 灯固态封装，所以便于运输和安装，而且可以安装在任何微型和封闭的设备中，不怕振动。

5）LED 技术的发展日新月异，关于其发光效率的研究取得了惊人的突破，其价格也在不断降低。一个白光 LED 灯进入家庭的时代正在到来。

6）配光技术的发展使 LED 点光源扩展为面光源，增大发光面，消除眩光，升华视觉效果，消除视觉疲劳。

7）透镜与灯罩一体化设计。LED 灯上的透镜同时具备聚光与防护作用，避免了光的重复浪费，使产品更加简洁美观。

8）大功率 LED 平面集群封装，散热器与灯座一体化设计，充分保障了 LED 灯的散热要求及使用寿命，从根本上满足了 LED 灯具结构及造型的任意设计。

9）节能显著。采用超高亮、大功率 LED 光源，配合高效率电源，比传统白炽灯节电80%以上，相同功率下其亮度是白炽灯的 10 倍。

10）无频闪。LED 灯纯直流工作，消除了传统光源频闪引起的视觉疲劳。

11）绿色环保。不含铅、汞等污染元素，对环境没有任何污染。

12）耐冲击，抗雷击能力强，无紫外线（UV）和红外线（IR）辐射。无灯丝及玻璃外壳，没有传统灯管的碎裂问题，对人体无伤害。

13）LED 灯可在低热状态下工作，安全可靠，表面温度 ≤60℃（环境温度 T_a = 25℃时）。

14）宽电压范围，全球通用。LED 灯在 AC 85～264V 全电压范围恒流，保证寿命及亮度不受电压波动影响。

15）采用 PWM 恒流技术，效率高，热量低，恒流精度高。

16）降低线路损耗，对电网无污染。功率因数 ≥0.9，谐波失真 ≤20%，EMI 符合全球指标，降低了供电线路的电能损耗，避免了对电网的高频干扰污染。

17）通用标准灯头，可直接替换现有卤素灯、白炽灯、荧光灯。

18）发光视效能率可高达 80lm/W，多种 LED 灯色温可选，显色指数高，显色性好。

五、知识拓展

在数字电路中，用来存放二进制数据或代码的电路称为寄存器。寄存器是由具有存储功能的触发器组合起来构成的。一个触发器可以存储一位二进制代码，存放 n 位二进制代码的寄存器，需用 n 个触发器。寄存器按功能可分为基本寄存器和移位寄存器。

移位寄存器（Shift register）是一种在若干相同时间脉冲下工作的以触发器为基础的器件，数据以并行或串行的方式输入到该器件中，然后对应于每个时间脉冲依次向左或右移动一个比特，在输出端进行输出，这种移位寄存器是一维的。事实上还有多维的移位寄存器，即输入、输出的数据本身就是一些列位。实现多维移位的方法是将几个具有相同位数的移位寄存器并联起来。

移位寄存器中的数据既可以并行输入、并行输出，也可以串行输入、串行输出，还可以并行输入、串行输出，或者串行输入、并行输出，十分灵活，因此其用途也很广。

移位寄存器不仅用于寄存数据，而且用于在时钟信号的作用下使其中的数据依次左移或右移。

除了用来寄存代码外，移位寄存器还可以用来实现数据的串行—并行转换、数值的运算以及数据的处理等。

六、评价反馈

基本素养（30 分）				
序号	评价内容	自评	互评	师评
1	纪律（无迟到、早退、旷课）（10 分）			
2	安全规范操作（10 分）			
3	团结协作能力、沟通能力（10 分）			
理论知识（20 分）				
序号	评价内容	自评	互评	师评
1	掌握 LED 灯的控制、数字量输出方法（10 分）			
2	掌握 myRIO 设备的输入/输出控制方法（10 分）			
技能操作（50 分）				
序号	评价内容	自评	互评	师评
1	利用虚拟按钮控制板载 LED 灯（10 分）			
2	用程序控制 myRIO 板卡集成的四个 LED 灯（10 分）			
3	程序校验（10 分）			
4	完成 LED 灯的亮灭控制（10 分）			
5	独立编程（10 分）			
综合评价				

七、练习与思考题

1. 填空题

1）LED 灯固态封装，所以它便于运输和安装，可以被安装在＿＿＿＿和＿＿＿＿的设备中，不怕振动。

2）配光技术使 LED 点光源扩展为面光源，＿＿＿＿，＿＿＿＿，＿＿＿＿，消除视觉疲劳。

3）实现流水灯的程序框图中用到的控件有_____、_____、_____、_____。

2. 简答题

1. LED 灯有哪些特点？

2. 二位移位寄存器在流水灯程序中起什么作用？

3. 操作题

编写 VI 程序控制 myRIO 板载的四个 LED 灯。

任务二　控制电动机正反转

控制电动机正
反转 PID 调整

一、学习目标

1）掌握 myRIO 中 PWM 信号的输出方法，以及电动机的控制方法。

2）掌握 PWM 控制的原理和应用。

3）掌握 PID 控制的原理和应用。

二、工作任务

1）编写程序，控制电动机正反转。

2）完成 PID 控制的应用。

完成本任务所需零部件：直流电动机一个、导线若干。

三、实践操作

1. PWM 控制的应用

1）打开软件 NI MAX，界面如图 4-14 所示。

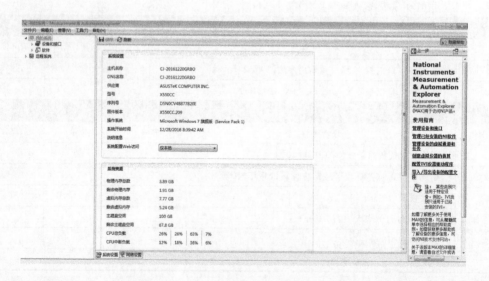

图 4-14　NI MAX 软件界面

2）在 NI MAX 软件界面中，选择"我的系统"→"软件"→"LabVIEW 2015"，单击右侧的"启动 LabVIEW 2015"如图 4-15 所示。

3）启动 LabVIEW 2015 时弹出"Set Up and Explore"对话框，如图 4-16 所示。单点击对话框右下角的"Close"按钮，关闭该对话框，进入 LabVIEW 的启动界面。

4）在 LabVIEW 启动界面上单击"Create Project"按钮，如图 4-17 所示。

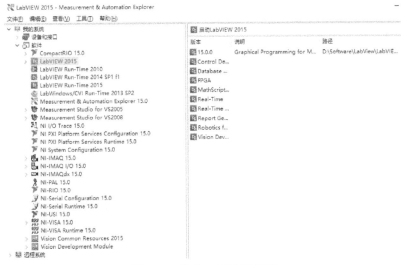

图 4-15 启动 LabVIEW 2015

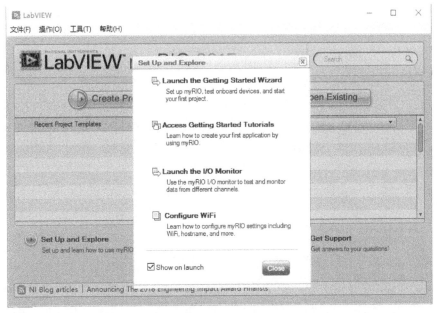

图 4-16 "Set Up and Explore" 对话框

5）在弹出的对话框，左侧列有不同的模板，选择"myRIO"→"myRIO Project"，然后单击"下一步"按钮，打开"创建项目"对话框，如图 4-18 所示。

6）在"创建项目"对话框中的"Project Name"和"Project Root"文本框中分别输入项目名称和项目路径，点选"Plugged into USB"或"Connected over WiFi"，单击"完成"按钮，如图 4-19

图 4-17 单击"Create Project"按钮

所示。

7）项目模板创建完成后，打开项目浏览器，如图 4-20 所示，选择"NI-myRIO-030ca5bc"，单击鼠标右键，选择"新建"→"VI"。

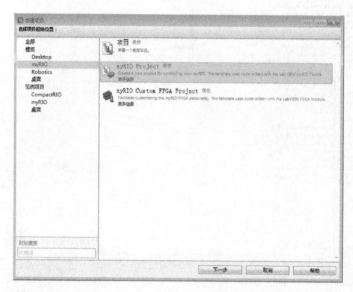

图 4-18   打开"创建项目"对话框

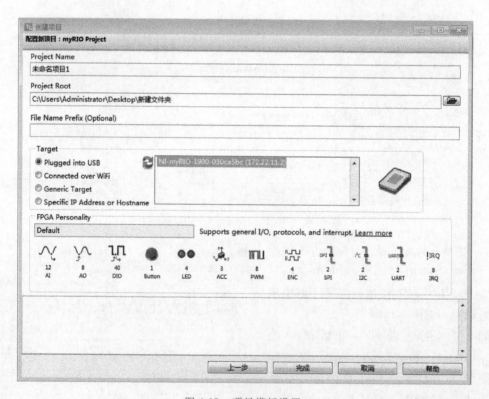

图 4-19   项目模板设置

图 4-20　项目浏览器

8）新的 VI 文件创建完成后，打开程序框图和前面板，在程序框图空白处单击鼠标右键，选择“结构”→“While 循环”，并将其至程序框图，松开鼠标左键，While 循环创建完成，如图 4-21 所示。

9）在程序框图空白处单击鼠标右键，选择“myRIO”→“PWM”后按住鼠标左键，将PWM 控件拖入 While 循环，如图 4-22 所示。

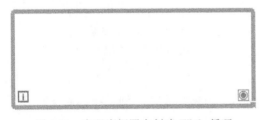

图 4-21　在程序框图中创建 While 循环

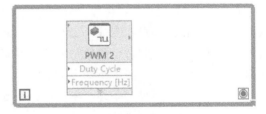

图 4-22　创建 PWM 控件

10）将 PWM 控件拖入 While 循环后，弹出“Configure PWM（Default Personality）”（PWM 控件的设置）对话框，如图 4-23 所示，根据接口，在“Channel”中选择所需的通道“A/PWM2（Pin 31）”，单击“OK”按钮，完成设置。

11）将鼠标移到 PWM 控件上，显示控件接口，将鼠标分别移到“Duty Cycle”（占空比）和“Frequency［Hz］”（频率）上，单击鼠标右键，选择创建常量，并给 PWM 控件赋值，如图 4-24 所示。

12）在程序框图空白处单击鼠标右键，选择"myRIO"→"Digital Out"，并将其拖入 While 循环中，弹出数字量输出控件的设置对话框，在"Channel"中选择所需的通道"B/DIO0（Pin2）"在"Channel"中可以添加多个通道以控制不同的电动机），单击"OK"按钮，完成数字量输出控件的添加和设置，如图 4-25 所示。

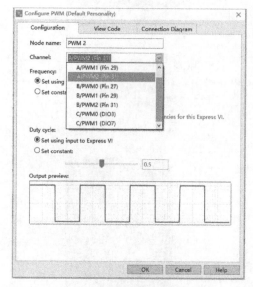

图 4-23 PWM 控件的设置对话框

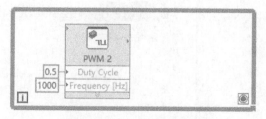

图 4-24 给 PWM 控件赋值

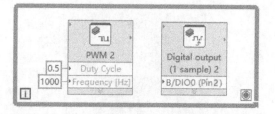

图 4-25 数字量输出控件的添加和设置

注意：

① "Digital Out"中的通道选择方法请参照图 4-23。

② "Digital Out"的选择路径为：程序框图→右键函数选板→ myRIO → Digital Out 。

13）将鼠标移至所选通道的接口上，单击鼠标右键，选择"创建常量"。将鼠标移至常量中，当鼠标由箭头形状变成手指形状时，单击鼠标左键就可以控制常量的真假转换，从而控制电动机的正反转，如图 4-26 所示。

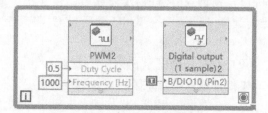

图 4-26 通过输出模块接口上的常量控制电动机的正反转

14）将鼠标移至循环条件，单击鼠标右键，在快捷菜单中选择"创建输入控件"，即可生成图 4-27 所示的停止按钮。

2. 电动机的 PID 调速

1）项目模板创建完成后，打开项目浏览器，选择"NI-myRIO-030ca5bc"，单击鼠标右键，选择"新建"→"VI"，如图 4-20 所示。

2）新的 VI 创建完成后，打开程序框图和前面板，在程序框图空白处单击鼠标右键，选择"结构"→"While 循环"，并将其拖至程序框图，松开鼠标左键，While 循环创建完成，如图 4-21 所示。

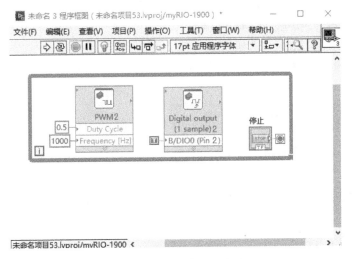

图 4-27　创建"停止"按钮

3）在程序框图空白处单击鼠标右键，选择"myRIO"→
"Encoder"，并将其拖到程序框图中。Encoder 控件如图 4-28 所示。

4）将 Encoder 控件拖至程序框图中时，弹出设置编码器的对话
框，用户应在对话框中选择编码器读取的串口，可根据实际电路进行
选择，此处使用的是 A 串口，如图 4-29 所示。完成串口选择后单击
"OK"按钮。

添加编码器后的程序框图如图 4-30 所示。

5）创建移位寄存器并连线，如图 4-31 所示。

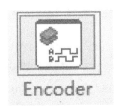

图 4-28　Encoder 控件

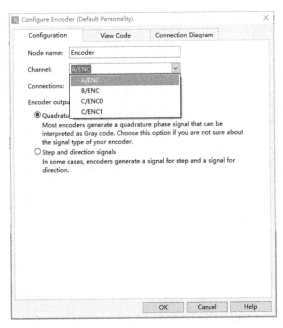

图 4-29　编码器串口的选择

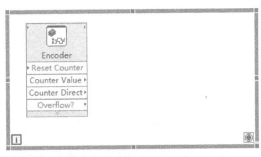

图 4-30　添加编码器后的程序框图

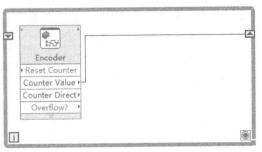

图 4-31　创建移位寄存器并连线

6）用鼠标右键单击程序框图空白处，选择"编程"→"数值"→"减"，并将其拖至程序框图。减法控件如图 4-32 所示。

7）连接减法控件，如图 4-33 所示。

8）用鼠标右键单击程序框图空白处，选择"编程"→"数值"→"绝对值"，并将其拖动至程序框图。绝对值控件如图 4-34 所示。

图 4-32　减法控件

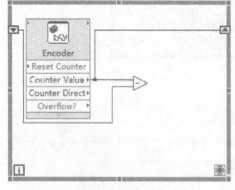

图 4-33　连接减法控件

图 4-34　绝对值控件

9）连接绝对值控件，如图 4-35 所示。

10）用鼠标右键单击程序框图空白处，选择"控制与仿真"→"PID"（项目栏）→"PID"（控件），并将其拖至程序框图。PID 项目栏与 PID 控件如图 4-36 与图 4-37 所示。

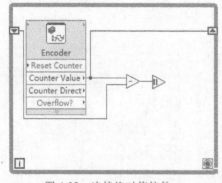

图 4-35　连接绝对值控件

图 4-36　PID 项目栏

图 4-37　PID 控件

11）将绝对值控件的输出端连接到 PID 控件的过程变量接线端子，如图 4-38 所示。

12）用鼠标右键单击 PID 控件的输出范围接线端子，在弹出的快捷菜单中选择"创建"→"输入控件"，如图 4-39 所示。

13）在程序框图中自动生成"output range"簇输入控件，如图 4-40 所示。

14）用和第 12 步相同的方法在 PID 增益接线端子处创建输入控件，完成后如图 4-41 所示。

15）将鼠标放在图 4-41 所示的 PID 控件上，左侧有四个端子，从上到下分别是设定值、过程变

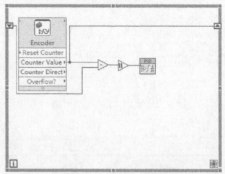

图 4-38　连接绝对值控件与 PID 控件

量、PID 增益、dt（s），在 dt（s）接线端子处单击鼠标右键，在弹出的菜单中选择"创建"→"常量"，如图 4-42 所示。

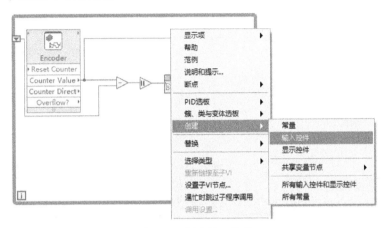

图 4-39　创建输入控件

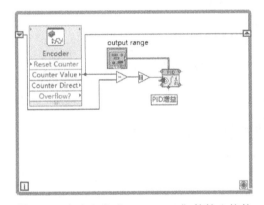

图 4-40　自动生成"output range"簇输入控件

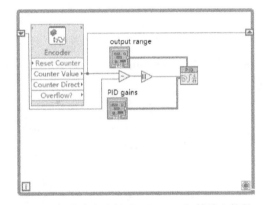

图 4-41　自动生成的"PID gains"簇输入控件

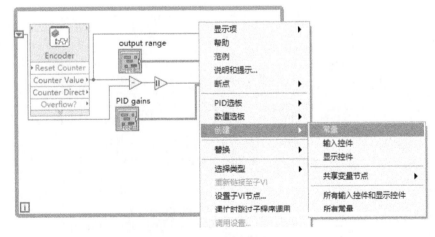

图 4-42　创建常量

16）创建完成后将常量值修改为 0.02，如图 4-43 所示。

17）继续创建一个减法控件，方法同前。在减法控件左上方接线端子处创建常量，并将常量值设置为1，将减法控件左下方端子连接至PID的输出端，如图4-44所示。

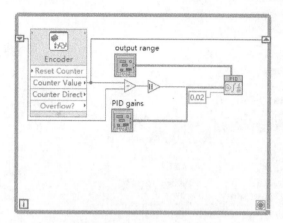
图 4-43　修改常量值

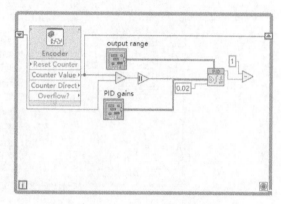
图 4-44　创建减法控件及常量并连线

18）用鼠标右键单击程序框图空白处，选择"myRIO"→"PWM"，并将 PWM 控件拖至程序框图。PWM 控件如图 4-45 所示。

19）将 PWM 控件拖至程序框图后对其端口进行设置，这里根据电路选择通道为"B/PWM0（Pin 2T）"，然后单击"OK"按钮，如图 4-46 所示。

图 4-45　PWM 控件

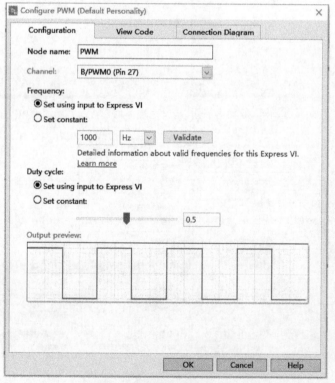
图 4-46　PWM 控件端口设置

20）将减法控件的输出端连至"Duty Cycle"端子，并在"Frequency［Hz］"端子处创建一个常量，值为 1000，如图 4-47 所示。

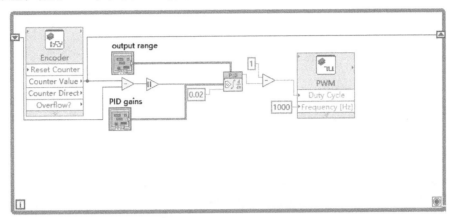

图 4-47　连接减法控件与 PWM 控件并创建常量

21）用鼠标右键单击程序框图空白处，选择"myRIO"→"Digital out"，并将该控件拖至程序框图。Digital out 控件如图 4-48 所示。

22）在弹出的窗口中进行通道设置，这里根据电路选择通道"B/DIO1（Pin 13）"，单击"OK"按钮，如图 4-49 所示。

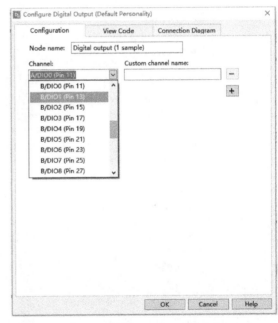

图 4-48　Digital out 控件

图 4-49　Digital out 控件的通道设置

23）用鼠标右键单击程序框图空白处，选择"编程"→"定时"→"等待（ms）"，将控件拖至程序框图并在其输入端创建一个常量，设置常量值为 20，如图 4-50 所示。

24）按<Ctrl+E>键切换到前面板，分别创建滑动杆控件（设置范围为 0~180）、开关按钮（更改标签为"正反转"）和一个停止按钮，如图 4-51 所示。

25）将输出范围的上限设置为 1，下限设置为 0，PID 增益中的比例增益设置为 0.09，积分时间设置为 0.04，微分时间设置为 0，如图 4-52 所示。

移动机器人技术应用

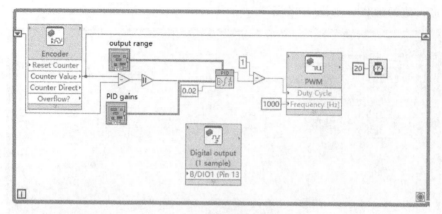

图 4-50　创建等待控件和常量

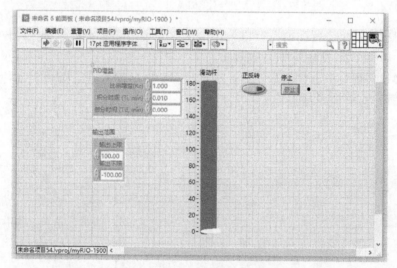

图 4-51　创建滑动杆控件、开关按钮和停止按钮

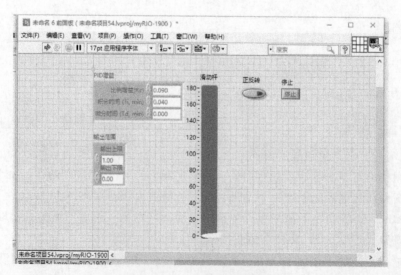

图 4-52　PID 控件的参数设定

26）按<Ctrl+E>键切换到程序框图，如图 4-53 所示。

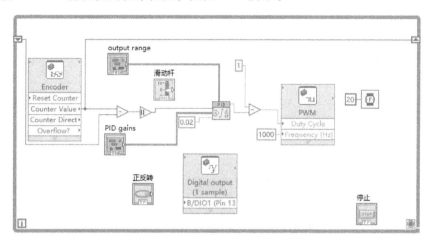

图 4-53 切回程序框图

27）将滑动杆控件连接至 PID 控件的设定值，将正反转按钮连接至 Digital output 的输入端，将停止按钮连接至循环条件，如图 4-54 所示。

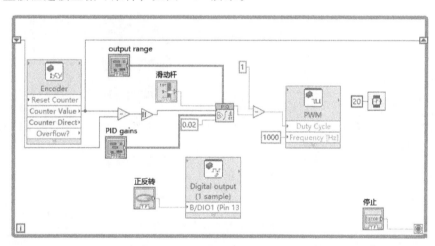

图 4-54 连接滑动杆及按钮控件

28）单击左上角的运行按钮，通过调整前面板滑动杆的值，观察电动机的转速。

四、问题探究

? 什么是 PWM？

PWM 就是脉冲宽度调制，其英文全称为 Pulse Width Modulation。PWM 波形是占空比可变的脉冲波形，如图 4-55 所示。

脉冲宽度调制是一种对模拟信号电平进行数字编码的方法。利用高分辨率计数器，通过调制方波的占空比对一个具体模拟信号的电平进行编码。PWM 信号仍然是数字的，因为在给定的任何时刻，满幅值的直流供电要么完全有（ON），要么完全无（OFF）。电压或电流源是以一种通（ON）或断（OFF）的重复脉

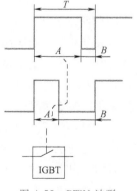

图 4-55 PWM 波形

冲序列被加到模拟负载上去的。通的时候即直流供电被加到负载上的时候，断的时候即供电被断开的时候。只要带宽足够，任何模拟值都可以使用 PWM 进行编码。

PWM 控制技术主要用于对半导体开关器件的导通和关断进行控制，使输出端得到一系列幅值相等而宽度不相等的脉冲，用这些脉冲来代替正弦波或其他所需要的波形。按一定的规则对各脉冲的宽度进行调制，既可改变逆变电路输出电压的大小，也可改变其输出频率。

PWM 控制是一种模拟控制方式，根据相应负载的变化来调制晶体管栅极或基极的偏置，从而实现开关稳压电源输出晶体管导通时间的改变，即这种控制方式能使电源的输出电压在工作条件变化时保持恒定。

五、知识拓展

电动机是传动以及控制系统中的重要组成部分，随着现代科学技术的发展，电动机在实际应用中的重点已经从过去简单的传动转向复杂的控制，尤其是对电动机的速度、位置、转矩的精确控制。电动机根据不同的应用有不同的设计和驱动方式。旋转电动机按用途分类如图 4-56 所示。这里主要介绍其中最有代表性、最常用、最基本的电动机——控制电动机。

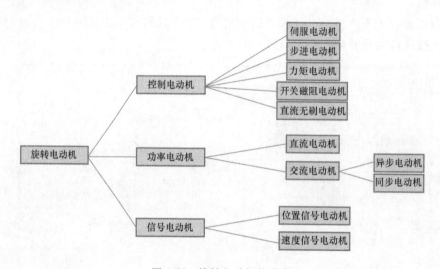

图 4-56　旋转电动机的分类

控制电动机主要用在精确的转速、位置控制上，在控制系统中作为"执行机构"。控制电动机可分为伺服电动机、步进电动机、力矩电动机、开关磁阻电动机、直流无刷电动机等。

1. 伺服电动机

伺服电动机广泛应用于各种运动控制系统中，尤其是随动系统。它可将输入的电压信号转换为电动机轴上的机械输出量，拖动被控元件，从而达到控制目的。一般地，对伺服电动机有如下要求：电动机的转速受所加电压信号的控制；转速能够随着所加电压信号的变化而连续变化；转矩可通过控制器输出的电流进行控制；电动机的反应要快，体积要小，控制功率要小。图 4-57 所示为伺服电动机实物图。

伺服电动机有直流和交流之分，最早的伺服电动机是一般的直流电动机，只有在控制精度不高的情况下，才采用一般的直流电动机作伺服电动机。当前，随着永磁同步电动机技术的飞速发展，绝大部分的伺服电动机是指交流永磁同步伺服电动机或者直流无刷电动机。

2. 步进电动机

步进电动机是一种将电脉冲转化为角位移的执行机构，当步进驱动器接收到一个脉冲信号时，驱动步进电动机按设定的方向转动一个固定的角度。由此，可以通过控制脉冲的个数来控制电动机的角位移量，从而达到精确定位的目的；同时还可以通过控制脉冲频率来控制电动机转动的速度和加速度，从而达到调速的目的。目前，比较常用的步进电动机包括反应式步进电动机、永磁式步进电动机、混合式步进电动机和单相式步进电动机等。图 4-58 所示为步进电动机实物图。

图 4-57　伺服电动机实物图

图 4-58　步进电动机实物图

步进电动机和普通电动机的主要区别在于其脉冲驱动的形式，正是因为具有这个特点，步进电动机可以和现代的数字控制技术相结合。但步进电动机在控制精度、速度变化范围、低速性能方面都不如传统闭环控制的直流伺服电动机，所以主要应用在精度要求不是特别高的场合。由于步进电动机具有结构简单、可靠性高和成本低的特点，所以广泛应用在生产实践的各个领域。

3. 力矩电动机

力矩电动机是一种扁平形多极永磁直流电动机。其电枢有较多的槽、换向片和串联导体，以降低转矩脉动和转速脉动。力矩电动机有直流力矩电动机（见图 4-59）和交流力矩电动机两种。

其中，直流力矩电动机的自感电抗很小，所以响应性很好；其输出力矩与输入电流成正比，与转子的速度和位置无关；它可以在接近堵转的状态下直接和负载连接低速运行，而不用齿轮减速，所以在负载的轴上能产生很高的力矩，并能消除由于使用减速齿轮产生的系统误差。

图 4-59　直流力矩电动机

交流力矩电动机又可以分为同步电动机和异步电动机两种，目前常用的是笼型异步力矩电动机，它具有低转速和大转矩的特点。纺织工业经常使用交流力矩电动机，其工作原理和结构与单相异步电动机相同，但是由于笼型转子的电阻较大，所以其力学特性较软。

4. 开关磁阻电动机

开关磁阻电动机（见图 4-60）是一种新型调速电动机，其结构极其简单且坚固，成本低，调速性能优异，是传统控制电动机强有力的竞争者，具有强大的市场潜力，但目前也存在转矩脉动、运行噪声和振动大等问题，需要一定时间去优化改良以适应实际的市场应用。

5. 无刷直流电动机

无刷直流电动机（见图 4-61）是在有刷直流电动机的基础上发展来的，但它的驱动电流是不折不扣的交流电流。无刷直流电动机又可以分为无刷速率电动机和无刷力矩电动机。

一般无刷电动机的驱动电流有两种，一种是梯形波（一般是方波），另一种是正弦波。前一种应用于直流无刷电动机，后一种应用于交流伺服电动机。

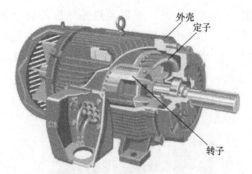

图 4-60　开关磁阻电动机

图 4-61　无刷直流电动机

无刷直流电动机的特点是：为了减少转动惯量，通常采用细长的结构；在重量和体积上要比有刷直流电动机小得多，相应的转动惯量可以减少 40%~50%；由于永磁材料的加工问题，致使无刷直流电动机一般的容量都在 100kW 以下。

但是，无刷直流电动机的力学特性和调节特性的线性度好，调速范围广，寿命长，维护方便，噪声小，不存在因电刷而引起的一系列问题，所以在控制系统中有很大的应用潜力。

六、评价反馈

基本素养 (30 分)				
序号	评价内容	自评	互评	师评
1	纪律(无迟到、早退、旷课)(10 分)			
2	安全规范操作(10 分)			
3	团结协作能力、沟通能力(10 分)			
理论知识 (20 分)				
序号	评价内容	自评	互评	师评
1	控制电动机正反转(10 分)			
2	电动机种类(10 分)			
技能操作 (50 分)				
序号	评价内容	自评	互评	师评
1	电动机正反转控制的编程(30 分)			
2	程序验证(20 分)			
综合评价				

七、练习与思考题

1. 填空题

1）PWM 是_____，其波形是_____。

2）控制电动机有_____、_____、_____、_____和_____五种。

3）伺服电动机广泛应用于各种控制系统中，它可将输入的_____转换为电动机轴上的机械输出量，拖动被控元件，从而达到控制目的。

2. 简答题

1）简述 PWM 控制原理。

2）简述电动机的正反转控制方法。

3. 操作题

编写电动机正反转控制的 VI 文件。

任务三 编码器调试

一、学习目标

1）掌握编码器的工作原理。

2）掌握 LabVIEW 编程中编码器的编程操作。

二、工作任务

1）对编码器正确接线。

2）测量电动机转速。

所需的零部件：编码器、导线若干。

编码器调试

三、实践操作

1. 了解编码器

（1）编码器的分类 从编码器的检测原理上来分，编码器可分为光学式编码器、磁式编码器、感应式编码器、电容式编码器。常用的是霍尔编码器（磁式）和光电编码器（光学式），两者原理不同但使用方法（包括接线方式）是一致的。

图 4-62a、b 所示分别为霍尔编码器和光电编码器实物图。从图中可以看出，编码器部分都为四根线（霍尔编码器左侧有两根线是电动机的电源线，与编码器部分在电气上是完全隔离的）。

a)   b)

图 4-62　编码器实物图

a）霍尔编码器实物图　b）光电编码器实物图

（2）编码器与 myRIO 设备的接线　myRIO 硬件适用的 I/O 接口为 A（18，22）、B（18，22）、C0（11，13）、C1（15，17），共四个配置好的接口，A、B 相线接入对应的端子即可。

图 4-63 所示为编码器与 myRIO 的接线，通过 C11、C13 端子（直接连接到编码器）来读取编码器，电动机控制线用 C 接口的 DIO1 与 DIO5，PWM 控件使用 C 接口的 DIO3（连接

到 LM298A 上）。

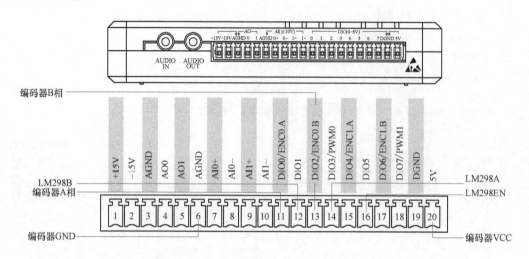

图 4-63　编码器与 myRIO 的接线

2. 基于 myRIO 的编码器驱动

在 LabVIEW \ActiVIty 目录下找到直接读取编码器的 VI，其调用方法是选择"编程"→"myRIO"→"Encoder"，然后在程序框图上单击鼠标，相应的图标就添加完成了。

该 VI 文件可以直接通过 A、B 相线的信号给出当前编码器转动的方向以及从复位开始总计转动的次数。当电动机带动编码器转动时，速度仪表显示当前速度值，里程框中显示当前里程值。

注意：一旦调用编码器 VI 后，从内存中读取的数值就是复位后的总值（正转增加，反转减少，可为负值），即使在不执行循环的情况下，只要电动机带动编码器转动，内存中的值也会改变。

图 4-64 及图 4-65 所示为编码器驱动 VI 的前面板及程序框图。

四、问题探究

❓ 增量式编码器与绝对式编码器的区别

（1）增量式旋转编码器　轴每转动一周，增量式编码器提供一定数量的脉冲，因此可通过周期性地测量总脉冲数或者单位时间内的脉冲数来测量轴的转速。

如果在一个参考点后面脉冲数被累加，累加值经过换算就能得到电动机的转动角度。双通道编码器的输出脉冲 A、B 之间相差为 90°，能使接收脉冲

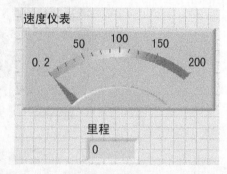

图 4-64　前面板

的电子设备接收轴的旋转感应信号，因此可用来实现双向的定位控制。另外，三通道增量式旋转编码器每转一圈都会产生一个所谓零位信号的脉冲。

（2）绝对式旋转编码器　绝对式编码器为每一个轴的位置提供一个独一无二的编码数值，特别是在定位控制应用中，绝对式编码器减轻了电子接收设备的计算任务，从而省去了

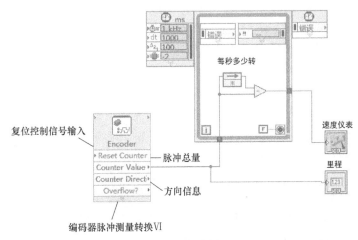

图 4-65　程序框图

复杂、昂贵的输入装置；而且，当机器通电或电源故障解除后再通电时，不需要回到位置参考点，可使用当前的位置值。

单圈绝对式编码器把轴细分成规定数量的测量步，最大的分辨率为 13 位，这就意味着最大可区分 8192 个位置。利用多圈绝对式编码器不仅可在一圈内测量角位移，而且可用多步齿轮测量圈数。多圈绝对式编码器的圈数数据以 12 位二进制形式存储，$2^{12} = 4096$，即最多可以识别 4096 圈，其总的分辨率可达到 25 位或者 33554432 个测量步数。

? 光电式编码器和磁式编码器的性能分析

（1）光电编码器　它的优点是：体积小，精密，本身分辨率很高，无接触，无磨损；既可检测角度位移，又可在机械转换装置辅助下检测直线位移；多圈光电绝对式编码器可以检测相当长量程的直线位移；寿命长，安装随意，接口形式丰富，价格合理；技术成熟，多年前已在国内外得到广泛应用。

它的缺点是：在户外及恶劣环境下使用时有较高的保护要求；测量直线位移时需依赖机械转换装置，需消除机械间隙带来的误差；检测轨道运行物体时难以克服滑差。

（2）静磁栅绝对编码器　它的优点是：体积适中，可直接测量直线位移，绝对数字编码，理论量程没有限制；无接触，无磨损，耐恶劣环境，可在水下 1000m 使用；接口形式丰富，测量方式多样；价格尚能接受。

它的缺点是：分辨率不高，测量直线和角度时需要使用不同类型的编码器，不适于在窄小的空间进行位移检测（单圈测试距离大于 260mm）。

五、知识拓展

这里介绍一下国内外编码器的现状与发展趋势。

编码器是将信号（如比特流）或数据进行编制，转换为可用于通信、传输和存储的信号形式的设备。编码器把角位移或直线位移转换成电信号，前者称为码盘，后者称为码尺。按照读取方式可将编码器分为接触式编码器和非接触式编码器两种。接触式编码器采用电刷输出，通过电刷接触导电区或绝缘区来表示代码的状态是 "1" 还是 "0"。非接触式编码器的接收敏感元件是光敏元件或磁敏元件，采用光敏元件时，以透光区和不透光区来表示代码的状态是"1"还是"0",通过"1"和"0"组成的二进制编码将采集来的物理信号转换为机器码可读取的电信号,用于通信、传输和储存。

随着现代技术的发展,编码器开始向小型化、智能化以及测量更精确、适应性更强的领域发展。首先,编码器向着体积更小的方向发展。随着科学技术的发展,编码器需要在更小的位置发挥它的作用,所以缩小编码器的发射元件、接收元件成为必然。目前,相同位数的编码器越来越小,而且为了适应自动化控制领域的智能化、集成化需求,出现了许多新型的编码方式,如矩阵式编码方式、伪随机码编码方式、游标式编码方式等。这些新的编码方式不仅使编码器的体积减小,还为提高编码器的智能化提供了很好的基础。其次,编码器的接口向智能化发展。编码器的接口电路通常由差分接收电路、A-D转换器以及EPROM器件组成,将正弦信号转换成参考脉冲信号、方波信号等,传输给控制系统,将接口电路模块智能化,可以有效地提高编码器的可靠性和独立性,有效地防止数据传输误差,保证精确度。最后,编码器的测量准确度进一步提高。编码器的精度通常由机械部分精度、码盘划分精度和信号处理电路综合保证,采用先进的工艺手段,提高光电元件、码盘以及电路的精度是提高编码器精度的重要手段,从而提高车床等需要高精度轴系编码器的测量精度。

六、评价反馈

基本素养(30分)				
序号	评价内容	自评	互评	师评
1	纪律(无迟到、早退、旷课)(10分)			
2	安全规范操作(10分)			
3	团结协作能力、沟通能力(10分)			
理论知识(20分)				
序号	评价内容	自评	互评	师评
1	编码器的工作原理(20分)			
技能操作(50分)				
序号	评价内容	自评	互评	师评
1	独立完成编码器程序的编制(10分)			
2	独立完成编码数据记录(10分)			
3	数据校验(10分)			
4	编码器原理讲解(10分)			
5	编码器发展现状讲解(10分)			
综合评价				

七、练习与思考题

1. 填空题

1)从检测原理上来分,编码器可分为_____、_____、_____、_____。常用的是_____(光学式)和_____(磁式),两者原理不同,但使用方法是一致的。

2)编码器按编码方式可分为_____、_____和_____。

3)旋转编码器通过测量被测物体的旋转角度并将测量到的_____转化为

_____输出。

2. 简答题

1) 简述编码器与 myRIO 的连接方法。

2) 简述增量式编码器与绝对式编码器的区别。

3) 简述编码器的工作原理。

任务四 舵机调试

舵机调试

一、学习目标

掌握舵机的 LabVIEW 编程操作。

二、工作任务

1) 对舵机正确接线。

2) 编写程序来控制舵机转动。

所需零部件：舵机、导线若干。

三、实践操作

1. 舵机的接线

舵机共有三根线，分别为控制线（橙）、电源正极线（红）和电源负极线（棕），定义舵机的控制信号 I/O 接口为 A/Pin31，为 PWM 信号接口，其实物接线如图 4-66 所示。

2. 控制舵机的 VI

舵机的控制信号为周期 20ms 的脉宽调制（PWM）信号，其中脉冲宽度为 0.5 ~ 2.5ms，相应的舵盘位置为 0° ~ 180°，呈线性变化。算出两个极限值（极限值 = 脉冲宽度/周期）0.025 和 0.125，这两个值分别对应舵机的两个极限角度，然后通过给定 PWM 信号周期为 50Hz 来达到 20ms 的循环条件，就可以实现对舵机的简单控制。图 4-67 和图 4-68 所示为控制舵机 VI 的前面板及程序框图。

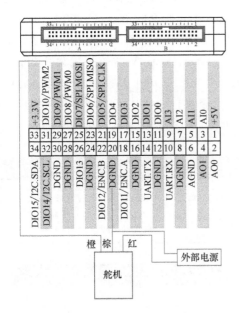

图 4-66 舵机的实物接线

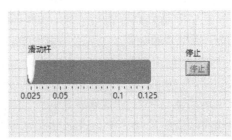

图 4-67 控制舵机 VI 的前面板

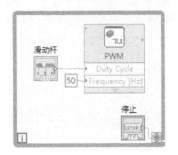

图 4-68 控制舵机 VI 文件的程序框图

四、问题探究

❓ 舵机与其他电动机的区别

舵机是一种俗称，最初源于航模和船模爱好者，因为这种电动机常用于舵面操纵。

舵机是一种低端的但也是最常见的伺服电动机系统，其英文名称为Servo，是Servomotor的简称。它包含了电动机、传感器和控制器，是一个完整的伺服电动机（系统）。舵机价格低廉、结构紧凑，但其精度很低，位置整定能力较差，因此适用于很多低端需求场合。

五、知识拓展

市场上的舵机有很多，有塑料齿、金属齿的舵机，有小尺寸、标准尺寸、大尺寸的舵机。另外，还有薄的标准尺寸舵机及低重心的舵机。小舵机一般称为微型舵机，扭矩都比较小，市面上这类舵机的2.5g、3.7g、4.4g、7g、9g等参数指的是舵机的质量（单位为g），随着舵机质量增加，其体积和扭矩也逐渐增大。微型舵机内部多数都是塑料齿，9g舵机有金属齿的型号，其扭矩比塑料齿的舵机扭矩大一些。Futaba-S3003、辉盛MG995都是标准舵机，二者体积相差不多，但前者是塑料齿，后者是金属齿，因此其标称扭矩相差很大。春天SR403P舵机、Dynamixel AX-12+舵机都是机器人专用舵机，二者的区别在于：前者是中国生产的，后者是韩国生产的，二者都是金属齿，标称扭矩均在13kg/cm以上，但前者是模拟舵机，后者则是采用RS-485串口通信，具有位置反馈、速度反馈和温度反馈功能，它们在性能和价格上相差很大。

除了体积、外形和扭矩，购买时还要考虑舵机的反应速度和虚位。一般舵机的标称反应速度为0.22s/60°、0.18s/60°，较好的舵机的反应速度可达0.12s/60°，反应速度越小，反应越快。

厂商提供的舵机规格一般包含外形尺寸（mm）、扭矩（kg/cm）、速度（s/60°）、测试电压（V）及质量（g）等。扭矩的单位是kg/cm，表示在摆臂长度1cm处，能吊起的物体质量。这实际是力臂的概念，因此摆臂越长，则扭矩越小。速度的单位是s/60°，表示舵机转动60°所需要的时间。电压会直接影响舵机的性能，例如Futaba-S9001型舵机在测试电压4.8V时的扭矩为3.9kg/cm，速度为0.22s/60°，在测试电压6.0V时的扭矩为5.2kg/cm、速度为0.18s/60°。若无特别注明，JR公司的舵机测试电压都是4.8V，Futaba公司的舵机测试电压都是6.0V。速度快、扭矩大的舵机，除了价格贵，还会伴随着高耗电的特点。因此使用高级的舵机时，务必搭配高品质、高容量的电池，以提供稳定且充裕的电压。

六、评价反馈

基本素养（30分）				
序号	评价内容	自评	互评	师评
1	纪律（无迟到、早退、旷课）（10分）			
2	安全规范操作（10分）			
3	团结协作能力、沟通能力（10分）			
理论知识（20分）				
序号	评价内容	自评	互评	师评
1	掌握舵机的编程（20分）			

（续）

技能操作（50 分）				
序号	评价内容	自评	互评	师评
1	舵机的接线（20 分）			
2	独立完成舵机控制程序的编写（20 分）			
3	舵机控制程序校验（10 分）			
综合评价				

七、思考与练习

利用算法实现舵机的角度控制。

项目五
传感器的通信与调试

任务一 红外测距传感器与超声波测距传感器的调试

一、学习目标

1）掌握红外测距传感器的工作原理。

2）学会使用及调试红外测距传感器。

3）掌握超声波测距传感器的工作原理。

4）学会使用及调试超声波测距传感器。

二、工作任务

1）利用红外测距传感器准确测量距离。

2）利用超声波测距传感器准确测量距离。

所需的零部件：红外测距传感器、超声波测距传感器、导线若干。

三、实践操作

1. 红外测距传感器的接线方法

红外测距传感器的接线示意图如图 5-1 所示。

依照图 5-2 所示的接线图对红外测距传感器进行接线。

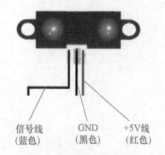

信号线　　　 GND　　　 +5V线
（蓝色）　　（黑色）　　（红色）

图 5-1　红外测距传感器的接线示意图

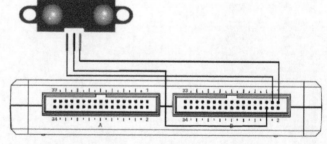

图 5-2　红外测距传感器接线图

2. 基于 myRIO 设备的红外测距传感器的调试

1）创建一个 myRIO 项目，并在项目中新建一个 VI，将该 VI 命名为"IR Range Finder.vi"，如图 5-3 所示。

2）打开该 VI 文件的前面板，按照图 5-4 所示创建前面板。

3）打开程序框图，按图 5-5 所示编写程序框图。程序框图中的大部分的节点在之前的程序中都用过，这里仅需要说明"交流和直流分量估计（逐点）"函数（见图 5-6），其在选板中的位置为："函数"→"信号处理"→"逐点"→"信号运算（逐点）"→"交流和直流分量估计（逐点）"，作用是估计输入信号的交流和直流电平。

4）完成程序框图以及前面板的创建后，保存文件。

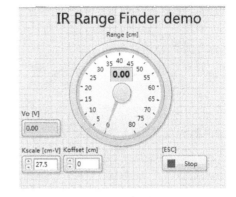

图 5-4 前面板

图 5-3 新建 IR Range Finder.vi

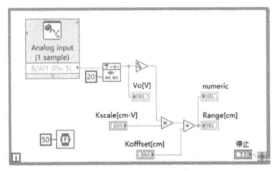

图 5-5 程序框图

图 5-6 "交流和直流分量估计(逐点)"函数

3. 超声波测距传感器的接线方法

超声波测距传感器的接线示意图如图 5-7 所示。

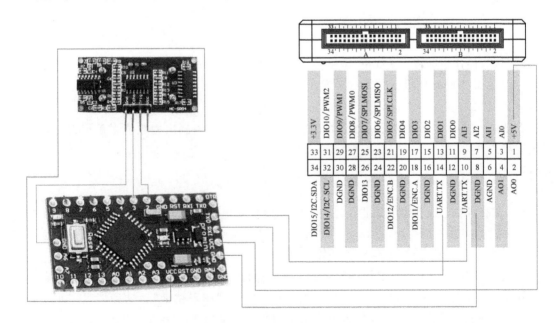

图 5-7 超声波测距传感器的接线示意图

4. 基于 myRIO 设备的超声波测距传感器的调试

1）创建一个 myRIO 项目，并在项目中新建一个 VI，将该 VI 命名为"超声波测距 . vi"。

2）打开该 VI 文件的前面板，按照图 5-8 所示创建前面板。

3）打开程序框图，按照图 5-9 所示编写程序框图。程序框图中的大部分节点在之前的程序中都用过，这里仅需要说明"UART"节点。图 5-10 所示为"Configure UART（Default Personality）"对话框，用户可在此对"UART"节点的各参数进行设置。

4）完成程序框图以及前面板的创建后，保存文件。

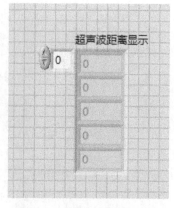

图 5-8　超声波测距前面板

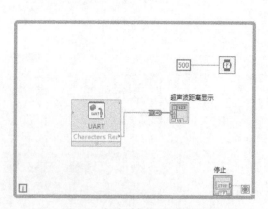

图 5-9　超声波测距程序框图

图 5-10　"Configure UART（Default Personality）"对话框

5）因为使用电路板上的 arduino 来读取超声波距离值，读取代码已经内置，不需要用户编写，直接通过 myRIO 设备的串口来读取即可。

四、问题探究

在传感器调试过程中发现，传感器在距离物体 10cm 以内测出的数值误差很大，并且这种情况很难改善。

❓ 红外测距传感器的非线性输出

Sharp 系列的传感器输出是非线性的，每个型号的传感器输出曲线都不同。因此在使用前，需要对传感器进行校正，创建一个曲线图，以便在使用中获得真实有效的测量数据。图 5-11 所示为一个典型的 Sharp 传感器的输出曲线。

从图 5-11 可以看出，当被探测物体距传感器的距离小于 10cm 的时候，随着距离的减小，输出电压急剧下降，如果仅从电压读数来看，物体"越来越远"，这种情况在实际应用中常会导致故障。例如机器人正缓慢地靠近障碍物，当障碍物突然消失时，控制程序便驱动机器人以全速移动，极易发生碰撞。解决此类问题，只需改变一下传感器的安装位置，使它到机器人外围的距离大于最小探测距离即可。传感器安装方法如图 5-12 所示。

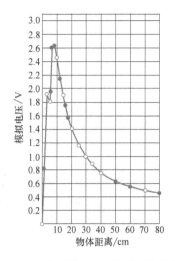

图 5-11 一个典型的 Sharp 传感器的输出曲线

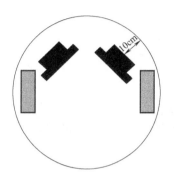

图 5-12 传感器安装方法

传感器使用注意事项及优化方法

1）当同时使用多个传感器时，由于供电量需求的增加，造成电压不稳定而使测量结果产生偏差。从硬件角度出发，可以通过在 VCC 端与 GND 端之间连接电容的方法来稳定对传感器的供电，减少供电电压波动对测量结果的影响；或者可在 GND 端与数据线之间连接一个电容，以减小输出电压的波动，略去出现的误差信号，从而提高数据稳定性。

2）针对测量时产生的干扰和误差数值，可从软件的角度进行改进。通过多次测量记录，排除一次输入量后，通过对剩余数据取均值的方法来得到一个较为稳定、更为接近实际值的测量数据。也可以根据实际的使用要求，进行有效值的范围定义，过滤超出范围的测量结果。该范围是由用户根据使用情况自行界定的。

3）针对红外传感器，测量结果受环境光影响的情况，在使用时应尽可能避免使传感器正对灯光，可以将传感器的发射端和接收端水平放置进行测量，尽可能减少环境光带来的干扰。

红外测距传感器和超声波测距传感器在测量精度要求不高、测量范围在 1m 以内的场合，对物体距离值的定位是非常简单而有效的，且操作简便、实用性强。

五、知识拓展

红外测距传感器的工作原理是（见图 5-13），当物体距离 D 足够小时，L 值相当大，超过 CCD 检测器的检测范围，这时虽然物体很近，但是传感器反而检测不到；当物体距离 D 很大时，L 值很小，这时 CCD 检测器能否分辨得出这个很小的 L 值取决于 CCD 检测器的分辨率。要检测的物体越远，CCD 检测器的分辨率要求就越高。

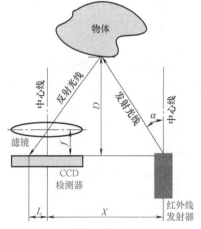

图 5-13 三角测量原理

六、评价反馈

基本素养(30分)				
序号	评价内容	自评	互评	师评
1	纪律(无迟到、早退、旷课)(10分)			
2	安全规范操作(10分)			
3	团结协作能力、沟通能力(10分)			
理论知识(20分)				
序号	评价内容	自评	互评	师评
1	掌握红外测距传感器的调试(20分)			
技能操作(50分)				
序号	评价内容	自评	互评	师评
1	独立完成红外测距传感器与超声波测距传感器调试程序的编写(30分)			
2	程序校验(10分)			
3	运行程序,利用红外测距传感器或超声波测距传感器实现机器人的测距移动(10分)			
综合评价				

七、练习与思考题

简答题

1)简述红外测距传感器的接线方法。

2)简述基于 myRIO 的红外测距传感器的调试过程。

3)简述红外测距传感器使用的优化方法。

任务二 光电限位开关的调试

一、学习目标

1)掌握光电限位开关的调试方法。

2)掌握 LabVIEW 编程中循环指令、板载 LED 灯的使用方法以及光电限位开关的接线方法。

光电限位
开关调试

二、工作任务

完成光电限位开关的调试;为了便于观察调试结果,使用 myRIO 板载的 LED 灯显示,使用 LabVIEW 编程,实现光电限位开关接到信号后使板载 LED 灯点亮的功能。

所需的零部件:光电限位开关、导线若干。

三、实践操作

1. LabVIEW 程序的编写

编写一个 LabVIEW 程序,实现当光电限位开关接收到一个信号时,myRIO 板载的 LED 灯亮。为了实现该功能,需要使用 myRIO 的一个数字量输入接口接收来自光电开关的信号,并由程序对该信号进行处理,使 myRIO 自带的 LED 灯点亮。

在编写程序时,需要用到 While 循环,以保证程序的完整运行。同时,还需要用到一个数字输入接口，这里使用 A/DIO4 接口，操作方法是：在程序框图空白处单击鼠标右键，选择"编程"→"myRIO"→"Digital In"，弹出图 5-14 所示的对话框，在"Channel"下拉列表中选择"A/DIO4（Pin 19）"。此外，还需要选择使用 LED3 接口，按照同样的操作方法，选择"编程"→"myRIO"→"LED"，弹出图 5-15 所示的对话框，在"Enable"下勾选"LED3"。完成选择后，按图 5-16 所示连线，完成 LabVIEW 程序的编写。

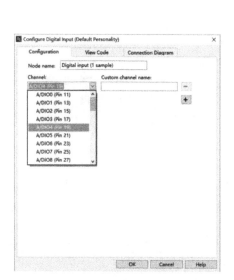

图 5-14　配置数字输入接口对话框

图 5-15　配置 LED3 接口

2. 硬件电路的连接

光电限位开关是用来限定设备运动极限位置的电气元件，其种类很多，接线方式也各有不同，使用时应参照其使用说明书。本次使用的光电限位开关实物如图 5-17 所示，它有三个引脚，从上到下依次为 OUT、VCC 和 GND，分别连接 myRIO 的数字量输入接口、电源正极和电源负极。光电限位开关的工作电压为 5V，其接线图如图 5-18 所示。

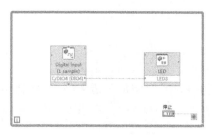

图 5-16　程序框图

图 5-17　光电限位开关实物

3. 光电限位开关的调试

1）将硬件电路按前述方法和步骤进行正确连接，在连接过程中注意不要挡住光电传感器的信号输入端。

2）按前述方法在计算机的 LabVIEW 软件中新建 VI，通过数据线与 myRIO 连接，并将程序下载到 myRIO 上。

3）将硬件和软件条件准备好后，可以观察程序运行结果。如果用于遮挡光电限位开关，myRIO 板载的 LED 灯亮；如果将手移开，LED 灯熄灭。

四、问题探究

❓ 什么是光电开关？

光电开关（光电传感器）是光电接近开关的简称，它利用被检测物体对光束的遮挡或反射，由同步回路选通电路，从而检测物体的有无。被检测物体材料不限于金属，所有能反射光线（或者对光线有遮挡作用）的物体均可以被检测。光电开关将输入电流转换为光信号由发射器发射出去，接收器再根据接收到的光线强弱或有无对目标物体进行检测。常见的应用

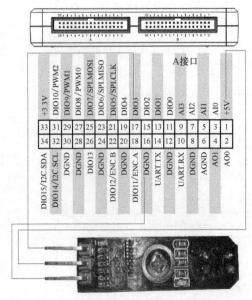

图 5-18　光电限位开关的接线图

有：安防系统中的光电开关烟雾报警器，工业中经常用来计数机械臂运动次数的光电开关。

❓ 光电开关的特点是什么？

光电开关是传感器的一种，它把发射端和接收端之间光的强弱变化转化为电流的变化，以达到检测的目的。由于光电开关的输出回路和输入回路是光电隔离的（即电绝缘），所以它可以在许多场合得到应用。采用集成电路技术和表面安装工艺（Surface Mount Technology, SMT）制造的新一代光电开关器件，具有延时、展宽和自诊断功能及外同步、抗干扰、可靠性高、工作区域稳定的优点。这种新颖的光电开关是一种采用脉冲调制的主动式光电探测系统型电子开关，它使用冷光源，如红外光、红色光、绿色光和蓝色光等，可以非接触、无损伤地迅速检测各种固体、液体、透明体、烟雾等物质的状态和动作。另外，它还具有体积小、功能多、寿命长、精度高、响应速度快、检测距离远以及抗光、电、磁干扰能力强的优点。

❓ 光电开关有哪些应用？

光电开关已在物位检测、液位控制、产品计数、宽度判别、速度检测、定长剪切、孔洞识别、信号延时、自动门传感、色标检出、压力机、剪切机以及安全防护等诸多领域得到应用。此外，利用红外线的隐蔽性，光电开关还可在银行、仓库、商店、办公室以及其他场合作为防盗警戒之用。

常用的红外线光电开关是利用物体对近红外线光束的反射原理，通过同步回路感应反射回来光的强弱来检测物体存在与否。光电传感器首先发出红外线光束到达或者透过物体或镜面，然后接收反射回来的光束，并根据光束的强弱判断物体是否存在。红外光电开关的种类繁多，有镜反射式光电开关、漫反射式光电开关、槽式光电开关、对射式光电开关、光纤式光电开关等几个主要种类。

不同的场合使用不同的光电开关。例如，在电磁振动供料器上经常使用光纤式光电开关，在间歇式包装机包装膜的供送中经常使用漫反射式光电开关，在连续式高速包装机中经常使用槽式光电开关。

？ 光电开关有哪些型号？

光电开关按结构可分为放大器分离型光电开关、放大器内藏型光电开关和电源内藏型光电开关三类。

放大器分离型光电开关是将放大器与传感器分离，并采用专用集成电路和混合安装工艺制成的光电开关。由于传感器具有超小型和多品种的特点，而放大器的功能较多，因此该类型光电开关采用端子台连接方式，并可交、直流电源通用，具有接通和断开延时功能，可设置亮、暗动切换开关，能控制六种输出状态，兼有接点和电平两种输出方式。

放大器内藏型光电开关是将放大器与传感器一体化，采用专用集成电路和表面安装工艺制成的，它使用直流电源工作，响应时间极短（有 0.1ms 和 1ms 两种），可用于检测窄小和高速运动的物体。改变放大器内藏型光电开关的电源极性可设置亮、暗切换，并可设置自诊断稳定工作区指示灯。它兼有电压和电流两种输出方式，能防止相互干扰，在系统安装中十分方便。

电源内藏型光电开关是将放大器、传感器与电源装置一体化，采用专用集成电路和表面安装工艺制成的。它使用交流电源，适用于在生产现场取代接触式行程开关，可直接用于强电控制电路，也可自行设置自诊断稳定工作区指示灯，输出端备有固态继电器（Solid State Relay，SSR）或继电器常开、常闭接点，可防止相互干扰，并可紧密安装在系统中。

五、知识拓展

1. 巡线机器人的位姿调整策略

巡线机器人完成任务的过程中会产生一定的路线偏差，为使机器人能准确完成规定任务，应在抓取前使其调整位姿。

在机器人前后各布置三个巡线传感器，如图 5-19 所示。

在程序中定义两个变量，命名为"前位置""后位置"，分别用于存储前、后传感器的值。若当前没有传感器检测到黑色目标轨迹线，则"前位置"和"后位置"变量的值为上一次检测值。图 5-19 所示的布置中，前位置 = 2，后位置 = 5。

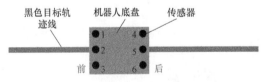

图 5-19 机器人巡线传感器布置

首先按照"前位置"和"后位置"变量的值对机器人位置进行编号，见表 5-1。

表 5-1 机器人的位置编号

位置编号	1	2	3	4	5	6	7	8	9
前位置	1	1	1	2	2	2	3	3	3
后位置	4	5	6	4	5	6	4	5	6

下面以位置 1 和位置 2 为例进行详细说明。处于位置 1 时，移动机器人的状态如图 5-20 所示。

此状态下，为使机器人回到轨迹位置，需要使其向右缓慢平移，直到回到目标轨迹为止，运动策略如图 5-21 所示。

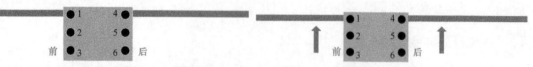

图 5-20　处于位置 1 时移动机器人的状态　　　　图 5-21　处于位置 1 时移动机器人的运动策略

处于位置 2 时，移动机器人的状态如图 5-22 所示，此时应使机器人两个前轮顺时针旋转，从而使机器人前部顺时针旋转，而两个后轮保持不动，则机器人就可完成位置对正。

以此类推其他位置时，移动机器人的运动策略，如图 5-23~图 5-29 所示。

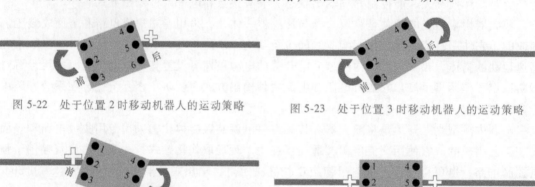

图 5-22　处于位置 2 时移动机器人的运动策略　　　　图 5-23　处于位置 3 时移动机器人的运动策略

图 5-24　处于位置 4 时移动机器人的运动策略　　　　图 5-25　处于位置 5 时移动机器人的运动策略

图 5-26　处于位置 6 时移动机器人的运动策略　　　　图 5-27　处于位置 7 时移动机器人的运动策略

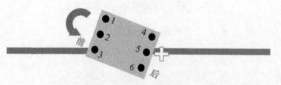

图 5-28　处于位置 8 时移动机器人的运动策略　　　　图 5-29　处于位置 9 时移动机器人的运动策略

2. 行程开关与接近开关的区别

（1）行程开关　行程开关是一种由物体的位移来决定电路通断的开关。例如，当打开冰箱门时，冰箱里面的灯就会亮，而关上门时灯又熄灭，这是因为门框上有个开关，被门压紧时灯的电路断开，门被打开后电路接通，使灯点亮，这个开关就是行程开关。

行程开关又称限位开关，可以安装在相对静止的物体（如固定架、门框等，简称静物）上或者相对运动的物体（如行车、门等，简称动物）上。当动物接近静物时，连杆驱动开关的接点，使闭合的接点分断或者使断开的接点闭合，从而利用开关接点开、合状态的改变控制电路和机构的动作。

洗衣机在脱水（甩干）过程中转速很高，如果此时有人因疏忽而打开洗衣机的门或盖后，再把手伸进去，很容易受到伤害。为避免这种事故的发生，在洗衣机的门或盖上装有电接点，一旦有人开启门或盖时，此接点自动使电动机断电，甚至还有靠机械办法联动，使门或盖一被打开就立刻"刹车"，强迫转动着的部件停下来，以免造成人身伤害。

在录音机和录像机中，常常使用快进或者倒带功能，磁带急速地转动，但是当到达磁带的端点时会自动停下来，行程开关起非常关键的作用，不是靠碰撞而是靠磁带的张力突然增大引起动作；工业上，行程开关可与其他设备配合，组成更复杂的自动化设备。

机床上有很多这样的行程开关，用于控制工件运动或自动进刀的行程，避免发生碰撞事故。利用行程开关使被控物体在规定的两个位置之间自动换向，从而得到不断的往复运动，如自动运料的移动机器人到达终点触碰行程开关，接通翻车机构，将车里的物料翻倒出来，并且退回到起点，到达起点之后又触碰起点的行程开关，接通装料机构的电路，开始自动装车……如此循环，形成一套自动生产线，节省了大量的体力劳动。

（2）接近开关 接近开关又称无触点行程开关，它除了可以用于行程控制和限位保护外，还是一种非接触型的检测装置，可用于检测零件尺寸和测速等，也可用于变频计数器、变频脉冲发生器、液面控制和加工程序的自动衔接等。其特点是工作可靠、寿命长、功耗低、重复定位精度高、操作频率高以及能适应恶劣的工作环境等。

各类接近开关中，都存在一种对接近它的物件有"感知"能力的元件——位移传感器。接近开关就是利用位移传感器对接近物体的敏感特性，达到控制开关通断目的的。但是，只有当有物体移向接近开关，并接近到一定距离时，位移传感器才有"感知"，开关才会动作，通常把这个距离叫作"检出距离"，不同的接近开关其检出距离不同。

有时被检测物体是按一定的时间间隔，一个一个地移向接近开关，又一个一个地离开，如此不断地重复，这种情况下就要考虑接近开关的响应能力。不同的接近开关对检测对象的响应能力是不同的，这种响应特性被称为"响应频率"。

六、评价反馈

基本素养(30 分)			
序号	评价内容	自评	互评	师评
1	纪律(无迟到、早退、旷课)(10 分)			
2	安全规范操作(10 分)			
3	团结协作能力、沟通能力(10 分)			

理论知识(20 分)			
序号	评价内容	自评	互评	师评
1	掌握巡线机器人位姿调整策略(20 分)			

（续）

技能操作（50分）				
序号	评价内容	自评	互评	师评
1	独立完成光电开关的编程（10分）			
2	独立完成光电开关的实验数据记录（10分）			
3	数据校验（10分）			
4	利用光束的变化对光电开关进行测试（10分）			
5	利用光电开关实现机器人的避障功能（10分）			
综合评价				

七、练习与思考题

1. 填空题

1）光电开关按结构可分为_____、_____和_____三类。

2）光电开关（光电传感器）是光电接近开关的简称，它利用_____或_____，由_____，从而检测物体的有无。

3）光电开关是_____的一种，它把_____转化为_____，以达到检测的目的。

4）接近开关又称_____，它除了可以用于_____和_____外，还是一种_____的检测装置，可用于检测零件尺寸和测速等。

5）电源内藏型光电开关是将_____、_____与_____一体化，采用专用集成电路和表面安装工艺制成的。

2. 简答题

1）简述光电开关的工作原理。

2）简述光电限位开关的定义。

3）简述如何创建利用光电限位开关实现机器人避障的 LabVIEW 程序。

任务三　灰度传感器的调试

灰度传感器调试

一、学习目标

1）掌握灰度传感器的工作原理。

2）学会使用 LabVIEW 进行灰度传感器的编程操作。

二、工作任务

在控制系统中对物体的颜色进行大致分辨，并做出反应，准确读取灰度传感器的采样值，使用 LabVIEW 图表模式。

所需的零部件：灰度传感器、导线若干。

三、实践操作

1. 灰度传感器及其工作原理

（1）灰度传感器　灰度传感器属于模拟传感器，有一只发光二极管和一只光敏电阻，安装在同一面上。灰度传感器利用不同颜色的检测面对光的反射程度不同、光敏电阻对应不同的反射光时阻值也不同的原理进行颜色深浅检测。在有效的检测距离内，发光二极管发出白光，照射在检测面上，检测面反射部分光线，光敏电阻检测此光线的强度并将其转换为机器人可识别的信号。

本任务中使用的是 QTI 模拟量灰度传感器（见图 5-30）和 FC-123 数字量灰度传感器。

（2）工作原理 灰度传感器中的光敏电阻是由一种特殊半导体材料制成的电阻器件，它应用了半导体材料的光电效应原理，即当无光照射时，光敏电阻的阻值很大，电路中暗电流很小；当光敏电阻受到一定波长范围的光照射时，它的阻值急剧减小，电路中光电流迅速增大。图 5-31 所示为灰度传感器的电路原理。

图 5-30   QTI 灰度传感器实物图

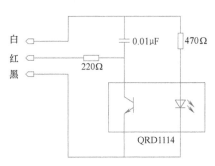

图 5-31   灰度传感器电路原理

（3）灰度传感器与 myRIO 设备的连线   使用三个数字 I/O 接口读取三个数字量灰度传感器值，使用一个模拟 I/O 接口读取模拟量灰度传感器的输出电压。本任务中使用的是 A 口的 DIO0、DIO1、DIO2 与 AI0 四个端子，如图 5-32 所示。

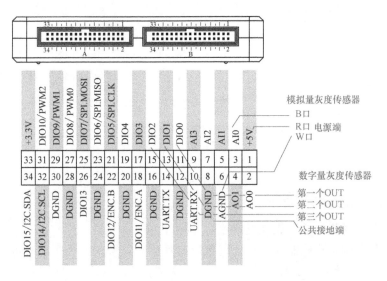

图 5-32   灰度传感器与 myRIO 设备的接线图

2. 基于 myRIO 设备的灰度传感器的使用

在程序框图中单击鼠标右键，在弹出的快捷菜单中选择 "myRIO" → "Digital In"，按住鼠标左键，把图标拖入程序框图中。

注意：在使用 I/O 接口时，可以将多个相同性质（数字或模拟）的 I/O 接口一并列入一个 VI 中，方法是在进行 I/O 接口属性设置时，单击 "+" 号添加其他需要使用的 I/O 接口，如图 5-33 所示。

图 5-34 和图 5-35 所示为简单的灰度传感器使用 VI 的前面板和程序框图

图 5-33　添加 I/O 接口

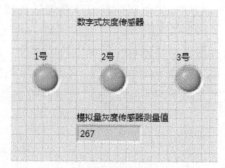

图 5-34　灰度传感器使用 VI 的前面板

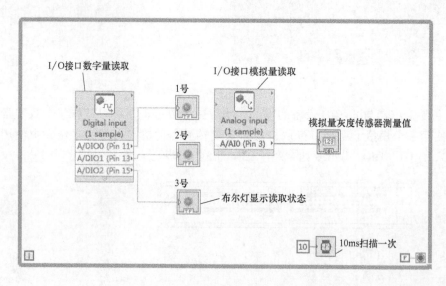

图 5-35　灰度传感器使用 VI 的程序框图

四、问题探究

❓ 如何用灰度传感器更精确地识别颜色？

1）检测面的材质不同会引起其返回值的差异。

2）外界光线的强弱影响非常大，会直接影响到检测效果，因此在对具体项目检测时注意包装传感器，避免受到外界光的干扰。

3）灰度传感器的工作原理是：根据检测面反射回来的光线强度，来确定检测面的颜色深浅。因此测量的准确性和传感器到检测面的距离是有直接关系的。在机器人运动时，机体的振荡同样会影响其测量精度。

4）安装距离直接决定返回值的大小，因此只有统一一致的安装距离，返回值才具有对比性。实际操作时，将传感器的发射头/接收头用螺钉固定在机器人底部，发射头/接收头离开地面统一约 0.5cm。

五、知识拓展

很多场合下需要精确地感知机器人周围的环境,这不仅仅是为了避开障碍物,更是为了得到周围环境的精确信息。例如,画出周围环境的平面电子地图,并由此确定机器人所处的位置。

对于这类应用,超声声呐和红外测距传感器都难以胜任。声呐检测的主要问题有两点:一是探测距离有限,对于尺寸较大的环境无法探测到四周;二是多次反射带来的串扰会严重影响测量的精度。红外测距传感器的有效距离更是不足。在这种情况下,激光扫描测距传感器(激光雷达,Laser Range Finder)是最理想的选择。这类传感器的优点如下:

1)测量范围广,扫描频率高。例如,SICK 公司的 LMS200 激光雷达可以扫描 180°以上的范围,每秒对前方 180°范围、半径 80m 的区域扫描 75 次,并返回 720 个测距点数据(角度分辨率为 0.25°)。而超声声呐通常探测距离不超过 15m,测量频率不高于 10 次/s。

2)精度高。由于激光的方向性非常好,且能量集中,因此可以获得很高的测量精度,在最大量程的条件下,LMS200 激光雷达的分辨率可以达到 10mm。

这类传感器的原理是:利用旋转的激光光源,经过反射镜发射到环境中,反射光束被传感器的敏感元件接收,通过计算发射光束和接收光束的时间差来测量距离。

激光雷达的优点很多,但其缺点也很明显,如价格高、尺寸大、质量较大。LMS200 激光雷达的单价在 7000 美元以上,并非所有的机器人制造厂商都能承受,所以日本 HOKUYO 公司推出了简化的、更廉价的 URG 系列激光扫描传感器,如 URG-04LX。该传感器的长、宽、高分别只有 50mm、50mm、70mm,质量为 160g,精度达到 10mm,功耗只有 2.5W,角度分辨率为 0.36°,扫描范围达到 240°,并且价格约为 LMS200 激光雷达的 1/3;但是相应地,其有效测量距离大幅度减小,扫描测量半径只有 4m。因此,URG 系列激光扫描传感器更适合用在工作于狭小空间的小型机器人上。另外,HOKUYO 公司还推出了类似 URG 系列的红外扫描传感器,价格低,但是性能也相对较差。

六、评价反馈

基本素养(30 分)				
序号	评价内容	自评	互评	师评
1	纪律(无迟到、早退、旷课)(10 分)			
2	安全规范操作(10 分)			
3	团结协作能力、沟通能力(10 分)			
理论知识(20 分)				
序号	评价内容	自评	互评	师评
1	掌握灰度传感器的应用(10 分)			
2	掌握灰度传感器的工作原理(10 分)			
技能操作(50 分)				
序号	评价内容	自评	互评	师评
1	独立完成灰度传感器的应用程序编写(10 分)			
2	传感器识别颜色的数据反馈(10 分)			
3	程序校验(10 分)			
4	运行程序,实现灰度传感器颜色识别(10 分)			
5	利用灰度传感器的颜色识别实现机器人对应不同颜色的功能动作(10 分)			
综合评价				

七、练习与思考题

1. 填空题

1）灰度传感器是_____，由_____和一只_____组成。

2）光敏电阻对应不同_____时，其_____也不同。

3）声呐检测的主要问题有两点：一是_____，对于尺寸较大的环境无法探测到四周；二是_____会严重影响测量的精度。

4）激光扫描测距传感器的原理是：利用_____，经过_____发射到环境中，_____被传感器的敏感元件接收，通过计算_____来测量距离。

5）_____直接决定返回值的大小，因此只有统一一致的_____，返回值才具有对比性。

2. 简答题

1）简述什么是灰度传感器。

2）简述灰度传感器的使用方法。

3）简述激光扫描测距传感器的工作原理。

4）选用传感器时要考虑哪些环境参数？

任务四　陀螺仪传感器的调试

一、学习目标

1）掌握陀螺仪的基本组成。

2）学会使用 LabVIEW 语言进行陀螺仪传感器控制的编程操作。

二、工作任务

陀螺仪传感器调试

在控制系统中对陀螺仪绕 X 轴、Y 轴、Z 轴的转动角度进行测试，并显示在图形表中；准确读取 X 轴、Y 轴、Z 轴的变化。

所需的零部件：陀螺仪传感器、电路板。

三、实践操作

1. 陀螺仪的基本组成

陀螺仪是测量航空和航海领域航行姿态及速率等最方便实用的参考仪表。用力学的观点近似地分析陀螺的运动，可以把陀螺看成一个刚体，此刚体上有一个万向支点，而陀螺可以绕着这个支点做三自由度的转动。因此，陀螺的运动是刚体绕一个定点的转动。更确切地说，一个绕对称轴高速旋转的飞轮转子称为陀螺，将陀螺安装在框架装置上，并且使陀螺的自转轴有角运动自由度，这种装置总体称为陀螺仪。陀螺仪的基本部件如下：

（1）陀螺转子　陀螺转子常用同步电动机、磁滞电动机、三相交流电动机等驱动，绕自转轴高速旋转。其转速近似为常量。

（2）内、外框架　内、外框架也称内、外环，它是使陀螺自转轴获得所需角运动自由度的结构。

（3）附件　附件包括力矩电动机、信号传感器等。

图 5-36 所示为 GY-521MPU-6050 陀螺仪传感器实物图。

2. 基于 myRIO 设备的陀螺仪传感器的使用

在 LabVIEW 中创建图 5-37 所示的陀螺仪传感器控制的前面板和图 5-38 所示的陀螺仪传

图 5-36 GY-521MPU-6050 陀螺仪传感器实物图

感器控制的程序框图。

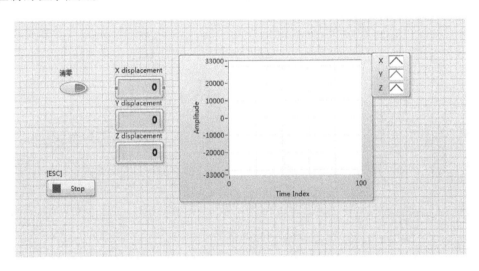

图 5-37 陀螺仪传感器控制的前面板

在编写程序时用到的控件添加方法如下：

（1）添加"I2C"控件![Open.vi icon] 单击鼠标右键，选择"编程"→"myRIO"→"Low Level"→"I2C"→"Open"。

（2）添加"I2C 频道"设定控件![I2C channel icon]，在"Open"控件左侧接线端单击鼠标右键，创建常量。

（3）添加"I2C 配置"控件![Configure.vi icon] 单击鼠标右键，选择"编程"→"myRIO"→"Low Level"→"I2C"→"Configure"。

（4）添加"I2C 模式设定"控件![I2C bus speed Standard mode (100 kbps) icon] 在"Configure"控件左侧接线端单击鼠标右键，创建常量。

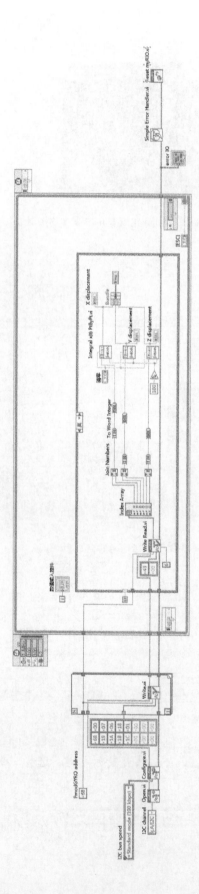

图 5-38 陀螺仪传感器控制的程序框图

×6B	×00
×19	×07
×1A	×06
×1B	×18
×1C	×01
×00	×00
×00	×00
×00	×00

（5）添加"数组"控件 单击鼠标右键，选择"编程"→"数组"→"数组常量"→添加维度为二维数组并改为十六进制。

（6）添加"索引数组"控件 单击鼠标右键，选择"编程"→"数组"→"索引数组"。

（7）添加"整数拼接"控件 单击鼠标右键，选择"编程"→"数值"→"数据操作"→"整数拼接"。

（8）添加"转换为双字节整形"控件 单击鼠标右键，选择"编程"→"数值"→"转换"→"转换为双字节整形"。

（9）添加"积分"控件 单击鼠标右键，选择"编程"→"Signal Processing"→"逐点"→"积分与微分"。

四、问题探究

（?）陀螺仪传感器和加速度传感器的区别是什么？

陀螺仪传感器用于测量角速度，而加速度传感器用于测量线性加速度。前者利用的是惯性原理，后者利用的是力平衡原理。

加速度传感器在较长时间内的测量值是正确的，而在较短时间内由于信号噪声存在导致测量值有误差。陀螺仪传感器在较短时间内的测量值比较准确，而在较长时间内测量值有漂移而存在误差。因此，需要两者相互协调来确保航向的正确。

现在一般的姿态方面的惯性应用，如惯性测量单元（Inertial Measurement Unit，IMU），是由三轴陀螺仪传感器和三轴加速度传感器组合而成的。

五、知识拓展

在无人机应用上，三轴稳定航拍云台是现在主流航拍无人机所采用的航拍防抖云台，其优点是对航拍时的画面有全方位的稳定作用，保证画面清晰稳定。

过去用于测量是否水平的陀螺仪体积较为庞大，但是随着微机电系统陀螺仪传感器芯片变得越来越小型化，陀螺仪的体积越来越小，甚至应用到电动航拍云台上可使航拍时无人机前进、后退时的姿态变化所产生的影像得以弥补。

另外，一些手持式云台设备，实质上和无人机上搭载的三轴稳定航拍云台一样，其核心也是三轴陀螺仪传感器和三轴加速度传感器。手持式云台采用简单的电子稳定系统，任何人借助它都可以简单地拍出非常细致且完美的镜头。

　　根据加速度传感器和陀螺仪传感器芯片测算，手持式云台在使用过程中可实时获取数据，计算出倾斜角，然后把数据通过比例-积分-微分算法（PID算法）得出应该给电动机施加什么控制量。也就是说，当人往左倾斜时，将电动机往右校正；当人往右倾斜时，将电动机往左校正。同理，上下控制方式也是如此。正是通过这种相互抵消，才能实现拍摄画面的稳定。

六、评价反馈

基本素养（30分）				
序号	评价内容	自评	互评	师评
1	纪律（无迟到、早退、旷课）（10分）			
2	安全规范操作（10分）			
3	团结协作能力、沟通能力（10分）			
理论知识（20分）				
序号	评价内容	自评	互评	师评
1	掌握陀螺仪传感器工作流程（10分）			
2	掌握陀螺仪的基本组成（10分）			
技能操作（50分）				
序号	评价内容	自评	互评	师评
1	独立完成陀螺仪传感器控制程序的编写（10分）			
2	陀螺仪的数据反馈（10分）			
3	程序校验（10分）			
4	运行程序，实现陀螺仪传感器的三轴位置判断（10分）			
5	利用陀螺仪传感器实现每改变90°机器人做出一个反应动作（10分）			
综合评价				

七、练习与思考题

1. 填空题

陀螺仪传感器主要由_____、_____、_____组成。

2. 简答题

简述驱动陀螺仪传感器用到的程序控件。

任务五　图像采集与视觉算法应用

一、学习目标

掌握基于myRIO的图像采集及处理方法。

二、工作任务

1）借助NI Vision Assistant工具的功能，实现图像的采集和处理。

2）进行图像的识别。

图像采集及视
觉算法应用

所需的仪器：摄像头。

三、实践操作

1. 安装驱动软件

首先需在计算机上安装图像采集软件（NI Vision Acquisition Software），之后可在 NI MAX 软件中"我的系统"→"软件"下看到显示有"NI-IMAQdx"。如需图像处理功能，再安装视觉开发模块（Vision Development Module），安装之后可在 NI MAX 软件中"我的系统"→"软件"→"LabVIEW 2015"看到显示有"Vision Development Module"，如图 5-39 所示。

在上位机上安装完软件之后，按照以下步骤在 myRIO 上安装相应的驱动：

1）将 myRIO 用 USB 线缆或通过 WiFi 与计算机（上位机）相连。

2）与升级驱动程序类似，在 NI MAX 软件中"远程系统"→"myRIO"下用鼠标右键单击"软件"，在弹出的快捷菜单中选择"添加/删除软件"命令，弹出"LabVIEW Real-Time 软件向导"对话框，选择"自定义软件安装"，如图 5-40 所示。

3）在选择需安装的组件中分别找到 NI-IMAQdx 和 NI Vision RT 两个组件模块（见图

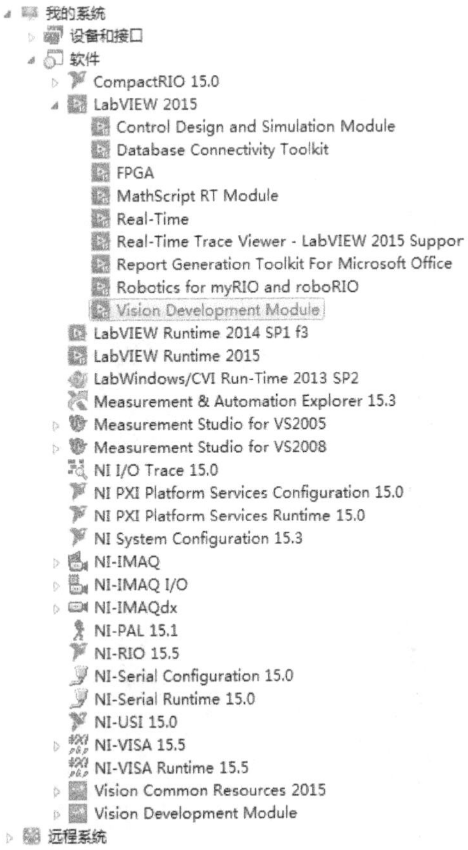

图 5-39 在 NI MAX 软件中查看驱动软件

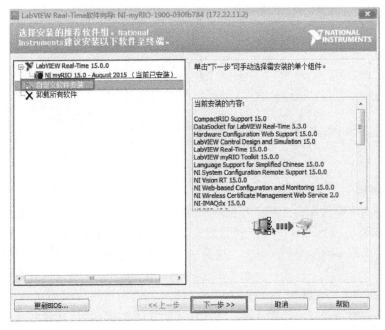

图 5-40 "LabVIEW Real-Time 软件向导"对话框

5-41)，分别用鼠标右键单击要安装的组件模块后，单击"下一步"按钮，系统自动将两个模块需要用到的组件和驱动安装到 myRIO 设备中。

4）单击"更新"按钮，然后将 USB 摄像头与 myRIO 的 USB 端口相连，在 NI MAX 软件中"远程系统"→"myRIO"→"设备和接口"下可看到 USB 摄像头，记住设备名称，如本任务中摄像头设备名称为"cam1"。单击设备名称，选中该设备在右侧界面打开"Acquisition Attributes"选项卡并进行测试，用户可以单击"Snap"按钮进

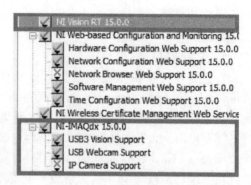

图 5-41　选择需要安装的组件模块

行单帧采集或者单击"Grab"按钮进行连续采集，还可以在"Video Mode"下拉列表框中修改参数。修改后需单击"保存"按钮，如图 5-42 所示。

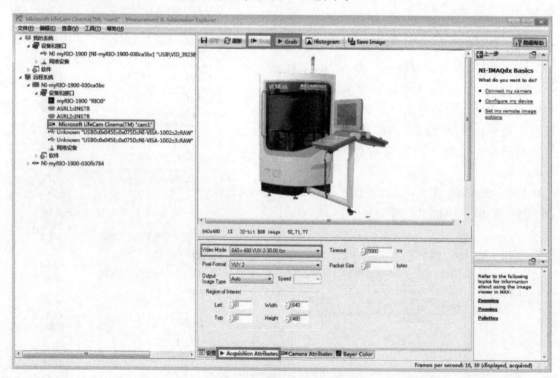

图 5-42　测试 USB 摄像头

2. 运行示例程序

1）打开 LabVIEW 软件，选择"帮助"→"查找范例"→"硬件的输入与输出"→"视觉采集"→"NI-IMAQdx"，在此目录下可以找到相关范例，如查看使用底层 VI 编写的程序，继续向下打开底层，找到 Low Level Grab.vi，这是一个连续采集的程序，双击打开后另存，以便修改此示例程序。

2）参考之前的方法创建一个 myRIO 项目，将另存的示例程序添加到 myRIO 的目标下，方法是：用鼠标右键单击"myRIO-1900（0.0.0.0）（无配置的 ID 地址）"，在弹出的快捷菜单中选择"添加"→"文件"（见图 5-43），选择相应程序。完成操作后，该示例程序将运

行在嵌入式处理器上。

图 5-43 将示例程序添加至项目中

3）双击打开示例程序，在"Camera Name"中选择所使用摄像头的设备名，单击运行按钮，开始连续采集图像。示例程序运行时的前面板如图 5-44 所示。

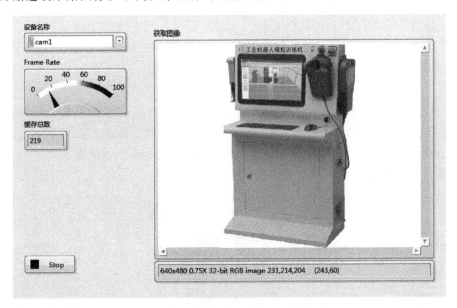

图 5-44 示例程序运行时的前面板

4）程序停止运行后，可尝试在 NI MAX 软件中修改 myRIO 所连接摄像头的设置，如改变分辨率的值，单击"保存"按钮后再次运行程序，观察分辨率的变化。

注意：保存修改后，需要切换掉 NI MAX 软件选中的摄像头对象，如可以单击选中远程系统；否则，运行 LabVIEW 程序时会因为 NI MAX 软件也在访问摄像头资源而报错。

说明：示例程序中的底层函数可在 LabVIEW 软件的"帮助"→"查找范例"→"硬件的输入与输出"→"视觉采集"→"NI-IMAQdx"下找到，利用范例查找器中的现有程序可提高程序开发效率。

虽然能在上位机界面上看到采集的图像，但因程序本身是在实时处理器上运行的，只是由 myRIO 通过网络传输机制将图像传输给上位机进行显示，所以即使删除前面板上的图像显示控件，图像采集还可以继续进行，因此可以在实时处理器上完成对图像的分析处理。

3. 基于 ARM 处理器的机器视觉应用

机器视觉应用的开发需要使用 LabVIEW 的视觉开发模块（Vision Development Module），用户可在 NI MAX 软件中"远程系统"→"myRIO"→"软件"下查看 NI Vision RT 组件的安装情况，如图 5-45 所示。

机器视觉应用的开发可在之前图像采集程序的基础上，通过增加机器视觉相关的算法来实现。在程序框图中单击鼠标右键，选择"函数"→"视觉与运动"→"Image Processing/Machine Vision"，可查看和使用这些算法函数。尤其在 Machine Vision 这个

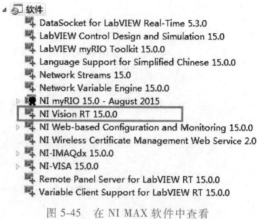

图 5-45　在 NI MAX 软件中查看 NI Vision RT 组件的安装情况

选板中，LabVIEW 提供了丰富的功能算法，如边缘检测、颗粒分析、模式匹配、文字识别等，用户可通过帮助文档来学习这些算法的应用，打开范例查找器学习相关范例。

例如，通过连接到 myRIO 上的 USB 摄像头检测前方的瓶子是否已被拿走。操作步骤如下：

1）首先进行边缘检测。打开 NI MAX 软件，找到 myRIO 目标下连接的摄像头。单击"Grab"按钮进行连续采集，再分别单击"Save Image"按钮，保存正常情况下（初始位置以及稍微挪动一点的位置）和非正常情况下（完全拿走）的图片（见图 5-46）作为开发时的素材库和验证用图片。

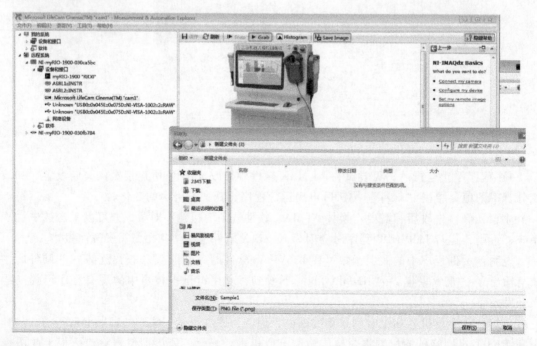

图 5-46　保存正常情况下和非正常情况下的图片

2）采集完所需图片素材后，再次单击"Grab"按钮，关闭连续采集，切换掉选中的摄像头。

3）Vision Assistant 程序是 LabVIEW 软件中的一个帮助用户高效开发机器视觉应用的工具，可在不编程的情况下验证相应算法的有效性，并将验证步骤转化为代码，加速机器视觉应用的开发。打开 Windows 系统的"开始"菜单，选择"所有程序"→"National Instruments"→"Vision"→"Vision Assistant"，系统弹出一个提示窗口，询问待测试图片的来源。由于已经在 NI MAX 软件中保存了用于测试的图片，因此可直接单击"Open Image"按钮，打开保存的三张（实际保存图片的数量）不同情况下的图片，如图 5-47 所示。

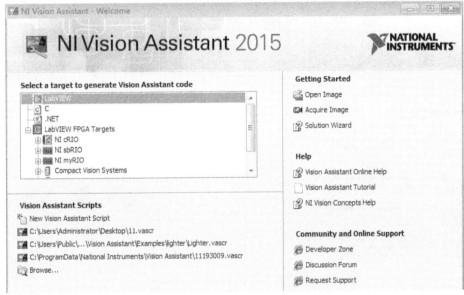

图 5-47 在 Vision Assistant 工具中打开测试图片

4）进入 Vision Assistant 主界面，如图 5-48 所示，三张图片已载入打开。主界面说明如下：

图 5-48 Vision Assistant 主界面

图片检测区域——显示每一步处理后图像相应的变化。

函数选板——提供了各种图像处理的函数,如针对色彩处理的函数、针对灰度图像处理的函数、针对二值图像处理的函数等。

Script 域——记录每一次操作步骤。

5)检测瓶子是否存在,可通过模式匹配、色彩识别等方法来实现。由于程序是在 ARM处理器上运行的,因此选取一种计算量相对较小的图像检测方法,即检测瓶子的边缘是否存在,并以此作为判断依据。边缘检测类函数只能针对灰度图像进行,因此首先需要提取彩色图片的亮度信息。单击 "Color" 函数选项卡下的 "Color Plane Extraction" 函数,选择 "HSL-Luminance Plane" 后单击 "OK" 按钮,将彩色图片转换为灰度图像,如图 5-49 所示。

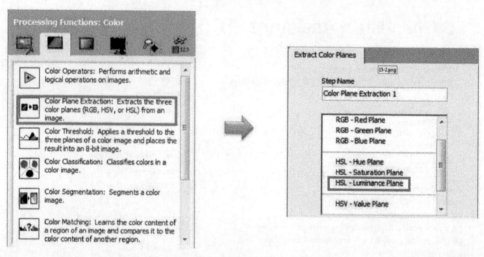

图 5-49 将彩色图片转换为灰度图像

6)单击 "Machine Vision" 函数选项卡下的 "Find Straight Edge" 函数(见图 5-50),即边缘检测函数,图片上显示的绿色 ROI 区域即感兴趣的区域。图 5-51 所示为 ROI 设置。

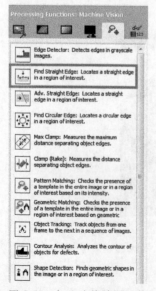

图 5-50 加入边缘检测函数

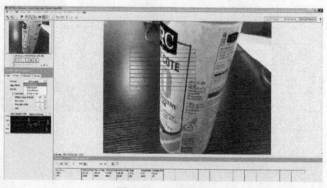

图 5-51 ROI 设置

7）此时绿色 ROI 区域是系统自动放置的，需要根据图像识别的需要重新选择 ROI。为方便处理，先将图片放大，重新选中并绘制好 ROI 后，在左侧一栏中选择检测方向，如从右往左检测边缘。图片下方的一栏中会显示检测结果，包括检测到的直线以及边缘直线的斜率等信息，单击"OK"按钮完成。

注意：ROI 的选取非常重要。如果区域太大，会在非正常情况下检测到边缘；如果区域太小，将导致瓶子稍微有位移需检测的边缘就被遗漏。

8）判断瓶子是否被拿走，即判断是否能检测到瓶身边缘。当前已对一张图片进行了检测，可通过检测其他的图片来验证判断是否正确。操作方法是：选中第二张图片，在 Script 区域单击"Run Once"按钮，仍然能检测出瓶身边缘，如图 5-52 所示。

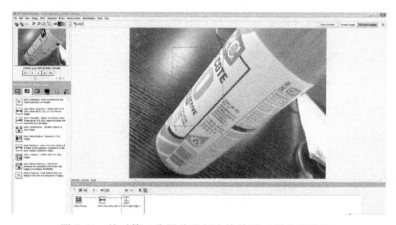

图 5-52　针对第二张图片进行边缘检测（图片不清晰）

9）对第三张图片进行类似的操作，发现在这种非正常情况下检测不到边缘，如图 5-53 所示。

10）完成验证后，将检测步骤保存以备后用。选择"File"→"Save Script"进行保存。

NI Vision Assistant 软件不仅可帮助用户选择合适的算法和参数，还可将一系列操作步骤自动生成 LabVIEW 代码，操作方法是：单击"Tools"，选择"Create LabVIEW VI"，在打开的对话框中按照图5-54a 所示选择上一小节创建的项目路径作为生成路径，按照图 5-54b 所示点选默认的"Current Script"，按照图 5-54c 所示选择"IMAQdx Image Acquisition"作为图片

图 5-53　针对非正常情况下的图片检测不到边缘

来源；按照图 5-54d 所示勾选在生成的 LabVIEW 程序中哪些参数作为输入控件，哪些参数作为显示控件，如果不进行选择，将根据 NI Vision Assistant 软件中的设置采用常量作为默认值，这里由于关心其输出值，所以将"Straight Edge"勾选上。单击"Finish"按钮，自动生成所需 VI 文件。

11）打开程序框图，查看生成的 VI，发现程序首先完成图像采集工作，从函数"IMAQ Extract Single Color Plane"（提取亮度信息）开始即是根据 Script 转换而来的，通过函数"IMAQ Find Edge"提取边缘，最后显示图像，如图 5-55 所示。将此 VI 中的图像采集程序

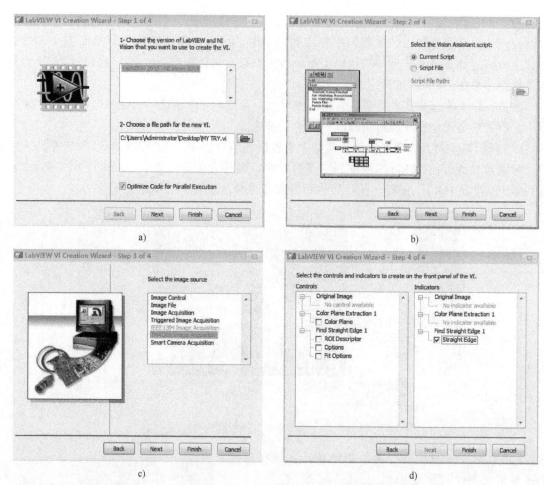

图 5-54 在 NI Vision Assistant 软件中自动生成 LabVIEW VI 文件

和图像处理程序整合成一个可以运行在 myRIO 上的完整的程序，按以下步骤进行。

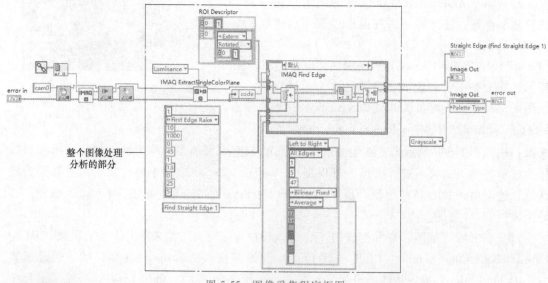

图 5-55 图像采集程序框图

① 将图像处理程序复制到图像采集程序中去时，为使程序界面简洁、可读性强，将这部分程序写成一个子 VI。选中整个图像处理部分（不含图像显示部分），单击鼠标右键，在弹出的快捷菜单中选择"编辑"→"创建子 VI(s)"，生成子 VI 后双击打开，再将其另存为"Edge Detection. vi"。图 5-56 所示为生成子 VI 后的程序框图。

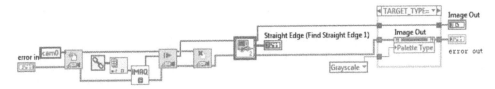

图 5-56　生成子 VI 后的程序框图

② 打开上一小节创建的项目（见图 5-43），将子 VI 添加至 myRIO 目标下。

③ 打开图像采集 VI，在采集图像的函数后添加相应的图像处理模块。按住<Ctrl>键和鼠标左键，向右下方拖动边框，扩大 While 循环的区域，最后将程序另存为"Main"主程序。

④ 按照图 5-57 所示修改主程序的程序框图。

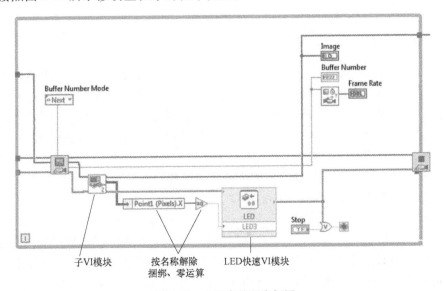

子VI模块　　按名称解除　　LED快速VI模块
　　　　　　捆绑、零运算

图 5-57　主程序的程序框图

子 VI 模块——将采集到的图像先经过子 VI 模块处理，再显示输出。

按名称解除捆绑、零运算——提取处理结果簇中直线第一个点的 X 坐标信息作为判断依据：X 坐标为零，表示没有检测到直线；X 坐标非零，表示检测到直线边缘。

LED 快速 VI 模块——零运算输出为真表示没有检测到边缘，即瓶子被拿走，通过 myRIO 设备板载的 LED 灯进行输出报警。添加方式是：打开函数选板，选择"myRIO"→"Default FPGA Personality"→"LED"，勾选"LED3"，连接好相关数据线。

保存后单击运行按钮。在正常情况下可以检测到瓶子的边缘，LED3 灯不点亮；若把瓶子拿开，则检测不到其边缘，LED3 灯点亮。

上述程序还有一个简化的实现方式，在函数选板"Vision and Motion"→"Vision Express"下有两个快速 VI：Vision Acquisition 和 Vision Assistant。图像的采集和处理过程都可以基于这两个快速 VI 来实现。这样得到的程序虽然实现简单，但其执行效率没有上一个 Main 程序高，这是因为在 Main 程序中，声明资源和释放资源都是在 While 循环外执行的，而此程序中这两种操作都是在 While 循环内执行的。如果对程序执行效率没有很高的要求，则这种快速实现的方式也是可取的。

四、问题探究

? 什么是基于机器视觉的仪表板总成智能集成测试系统？

EQ140-II 汽车仪表板总成上安装有速度里程表、水温表、汽油表、电流表、信号报警灯等，其生产批量大，出厂前需要进行一次质量终检。检测项目包括：检测速度表等 5 个仪表指针的指示误差；检测 24 个信号报警灯和若干照明灯是否损坏或漏装。一般采用人工目测方法检查，误差大，可靠性差，不能满足自动化生产的需要。基于机器视觉的智能集成测试系统改变了这种现状，实现了对仪表板总成智能化、全自动、高精度、快速质量检测，克服了人工检测所造成的各种误差，大大提高了检测效率。

基于机器视觉的仪表板总成智能集成测试系统分为四个部分：为仪表板提供模拟信号源的集成化多路标准信号源、具有图像信息反馈定位的双坐标数控系统、摄像机图像获取系统和主从机平行处理系统。图 5-58 所示为该系统的实物图。

? 什么是金属板表面自动探伤系统？

金属板（如大型电力变压器、收音机蒙皮等）的表面质量都有很高的要求，但原始的采用人工目视或用百分表加控针的检测方法不仅易受主观因素的影响，而且会给被测表面带来新的划伤。金属板表面自动探伤系统（图 5-59）利用机器视觉技术对金属表面缺陷进行自动检查，可在生产过程中高速、准确地进行检测，同时由于采用非接触式测量，避免了产生新划伤的可能。在此系统中，采用激光器作为光源，通过针孔滤波器滤除激光束周围的杂散光，扩束镜和准直镜使激光束变为平行光并以 45° 的入射角均匀照射被检查的金属板表面。金属板放在检验台上，检验台可沿 X、Y、Z 三个方向移动，摄像机采用 TCD142D 型 2048 线阵 CCD，镜头采用普通照相机镜头，CCD 接口电路采用单片机系统。主计算机主要完成图像预处理及缺陷的分类或划痕的深度运算等，并可将检测到的缺陷或划痕图像显示在显示器上。CCD 接口电路和计算机之间通过 RS-232 接口进行双向通信，结合异步 A-D 转换方式，构成人机交互式的数据采集与处理模块。

图 5-58　基于机器视觉的仪表板总成
智能集成测试系统实物图

图 5-59　金属板表面自动探伤系统实物图

金属板表面自动探伤系统主要是利用线阵 CCD 的自扫描特性与被检查钢板 X 方向的移动相结合，获取金属板表面三维图像信息的。

五、知识拓展

1. 机器视觉系统

如果需要用一个视觉系统来引导机器人，那就必须知道视觉系统与运动系统是如何集成的。对于校准和操作，没有集成的运动系统与视觉系统是初步的系统，机械人或机构和视觉系统是分开校准的。在操作中，一台独立的视觉系统根据在视觉坐标系统中的已知位置计算出零件位置的偏移量，然后发出指令给机器人的手臂在离初始化编程拾取位置的偏移量处拾取零件。

由于机器视觉系统可以快速获取大量信息，而且易于自动处理，也易于和设计信息以及加工控制信息集成，因此在现代自动化生产过程中，人们将机器视觉系统广泛地用于装配定位、产品质量检测、产品识别、产品尺寸测量等方面。

机器视觉系统的特点是提高生产的柔性和自动化程度。在一些不适于人工作业的危险工作环境或人工视觉难以满足要求的场合，常用机器视觉来替代人工视觉；同时在大批大量工业生产过程中，用人工视觉检查产品质量效率低且精度不高，而用机器视觉检测方法可以大大提高生产率和生产的自动化程度；而且机器视觉易于实现信息集成，是实现计算机集成制造的基础技术。使用机器视觉系统的主要特点如下：

（1）重复性　机器可以重复完成检测工作而不会感到疲劳，而且检测结果一致；与此相反，人会存在疲劳感，并且人眼每次检测产品时都会有细微的不同，即使产品是完全相同的。

（2）精确性　由于人眼受物理条件的限制，在测量精确性上明显不如机器；即使利用"人眼+放大镜或显微镜"的组合来检测产品，其测量精确性仍不如机器，因为机器的测量精度能够达到 0.001in（1in＝25.4mm）。

（3）高速度　与人相比，机器能够用更快速度检测产品，特别是当检测高速运动的物体时，如在生产线上，使用机器检测能够提高生产率。

（4）客观性　人眼检测还有一个致命的缺陷，就是由人的情绪带来的主观性，即检测结果会随工人心情的好坏存在变化，而机器没有喜怒哀乐，检测的结果自然非常可靠。

（5）低成本　由于用机器检测比人检测快，一台自动检测机器可承担好几个人的任务，而且机器不需要停顿、不会生病、可连续工作，所以能够以极低的成本换取极大的生产率。

2. 工业照相机

工业照相机作为机器视觉系统中的核心部件，对于机器视觉系统的重要性是不言而喻的，工业照相机的分类方法有多种。

（1）彩色照相机和黑白照相机　黑白照相机直接将光强信号转换成图像灰度值，生成的是灰度图像；彩色照相机能获得景物中红、绿、蓝三个分量的光信号，输出彩色图像；彩色照相机能够提供比黑白相机更多的图像信息。彩色照相机的实现方法主要有两种：棱镜分光法和 Bayer 滤波法。其中棱镜分光彩色照相机是利用光学透镜将入射光线的 R、G、B 分量分离，在三片传感器上分别将三种颜色的光信号转换成电信号，最后对输出的数字信号进行合成，得到彩色图像的。

（2）CCD 照相机和 CMOS 照相机　两类照相机芯片的主要差异在于将光转换为电信号

的方式。对于 CCD 传感器，光照射到像元上，像元产生电荷，电荷转化为电流，缓冲，输出信号；对于 CMOS 传感器，每个像元自己完成电荷到电压的转换，同时产生数字信号。

（3）面阵照相机和线阵照相机　照相机不仅可以根据传感器技术进行区分，还可以根据传感器架构进行区分，目前主要有两种传感器架构：面扫描传感器架构和线扫描传感器架构。面扫描照相机用于输出直接在监视器上显示的场合，线扫描照相机用于连续运动物体成像或需要连续的高分辨率成像的场合。线扫描照相机主要用于在静止画面中对连续产品进行成像，如大幅面的纺织、纸张、玻璃、钢板等。此外，线扫描照相机同样适用于电子行业的非静止画面检测。

六、评价反馈

基本素养（30分）				
序号	评价内容	自评	互评	师评
1	纪律（无迟到、早退、旷课）（10分）			
2	安全规范操作（10分）			
3	团结协作能力、沟通能力（10分）			
理论知识（20分）				
序号	评价内容	自评	互评	师评
1	图像采集的应用（10分）			
2	图像采集技术要求（10分）			
技能操作（50分）				
序号	评价内容	自评	互评	师评
1	独立完成图像采集程序编写（10分）			
2	独立完成图像采集数据记录（10分）			
3	程序校验（10分）			
4	操作图像采集程序，实现采集（10分）			
5	程序运行（10分）			
综合评价				

七、练习与思考题

1. 填空题

1）机器视觉系统的五个主要特点有重复性、_____、客观性、_____、低成本。

2）照相机按靶面类型分为_____和_____。

2. 简答题

简述 CCD 照相机与 CMOS 照相机的区别。

任务六　学习信号处理与分析函数

一、学习目标

1）掌握 LabVIEW 中信号发生函数的使用。

2）掌握 LabVIEW 信号处理的使用方法。

二、工作任务

使用 Express VI 开关信号，运行程序后通过按钮开关来控制该信号在波形图表中的显示。

三、实践操作

1）新建一个 VI。

2）在前面板中打开控件选板，选择"图形"→"波形图表"，创建两个波形图表。用同样的方法在控件选板中选择"布尔"→"开关按钮"和"停止按钮"控件。

3）打开程序框图，新建一个 While 循环。

4）在函数选板中选择"信号处理"→"波形生成"→"仿真信号"，在弹出的"配置仿真信号"对话框中设置频率、幅值等参数值，如图 5-60 所示。

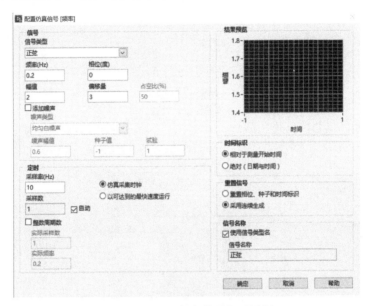

图 5-60 "配置仿真信号"对话框

5）单击"确定"按钮完成设置，得到图 5-61a 所示的图标，双击"仿真信号"，将其修改为"频率"，如图 5-61b 所示。

6）用同样的方法创建其余仿真信号 VI，并分别修改名称为"幅值""仿真信号""仿真正弦"，其参数设置见表 5-2。

a) 修改前　　b) 修改后

图 5-61 修改注释

表 5-2 仿真信号参数

参数 \ VI 名称	幅值	仿真信号	仿真正弦
频率/Hz	0.2	5	1
偏移量/A	3	0	-8
采样频率/Hz	10	1000	1000
采样数	1	100	100
"仿真采样时钟"单选项	点选	点选	点选
信号类型	正弦	正弦、频率、幅值	正弦
幅值/A	2	2	2

7）按照表 5-2 设置参数后，所得程序框图如图 5-62 所示，前面板如图 5-63 所示。

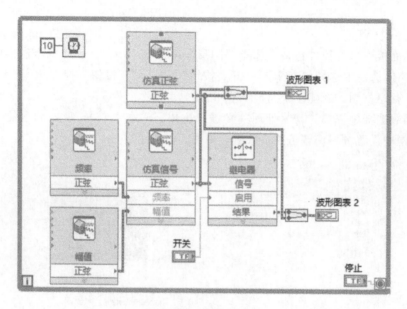

图 5-62　程序框图

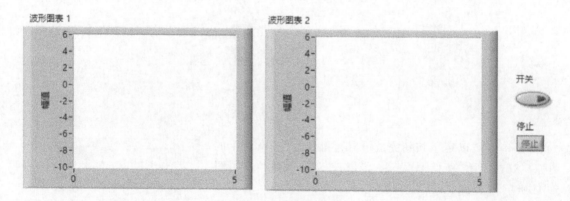

图 5-63　前面板

8）在"Express"→"信号操作"子选板中选取"继电器"，对"仿真信号"的输出数据进行监测。

9）在"Express"→"信号操作"子选板中选取"合并信号"，与仿真信号合并输出到前面板中创建的波形图表中。

10）在"编程"→"定时"子选板中选取"等待（ms）"，将其放置在 While 循环内并创建输入常量为 10。

11）按图 5-62 所示连接各节点，并整理程序框图。

12）打开前面板，单击"开关"为"真"，单击运行按钮，运行程序，两输出波形图表中显示输出波形，如图 5-64 所示。

① 单击"开关"为"假"，则波形图表 2 中不显示仿真信号，如图 5-65 所示。

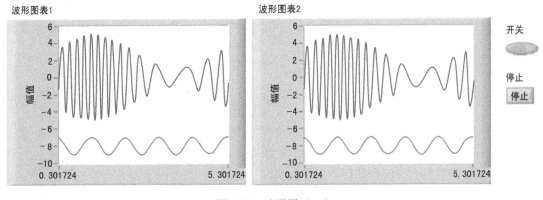

图 5-64   波形图（一）

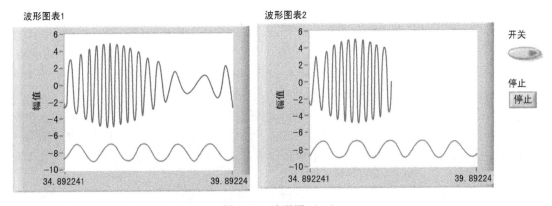

图 5-65   波形图（二）

② 再单击"开关"为"真"，则波形图表 2 中继续显示仿真信号，如图 5-66 所示。

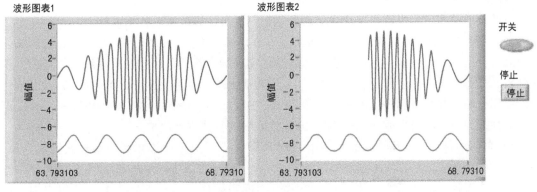

图 5-66   波形图（三）

四、问题探究

? 什么是 Express VI？

LabVIEW 提供了 Express 技术，可以快捷、简便地搭建专业的测试系统。它将各种基本函数进一步打包为更加智能、功能更加丰富的函数，并对其中某些函数提供配置对话框，通过配置框，用户可以对函数进行更加详细的配置。因此，通过 Express VI 可以用很少的步骤实现功能完善的测试系统。对于复杂测试系统的实现，Express VI 也能起到极大的简化作用。

五、知识拓展

❓ 使用 LabVIEW 进行数据采集与信号处理的优势

LabVIEW 作为一种用图标代替程序代码创建应用程序的图形化编程语言，广泛地被工业界、学术界和研究实验室所接受，并被视为一个标准的数据采集和仪器控制软件。用 LabVIEW 进行数据采集与信号处理的技术优势如下：

1）借助图形化方法加快开发速度。在 LabVIEW 图形化开发环境中，无须编写成行的程序代码，而是通过拖放式图标开发数据采集系统。使用 LabVIEW，编程人员即便不具备编程经验，也能在数小时内完成使用传统语言编写需要数周的程序。直观的程序框图所显示的代码便于用户开发、维护和理解。只需双击鼠标，便能传递功能代码块之间的数据。

2）兼容任意总线。可选择使用多种主流总线（包括 USB、PCI、PCI Express、PXI、PXI Express、无线和以太网）。LabVIEW 提供了统一的编程接口，从而实现了软硬件的无缝集成。因此，无论搭配 USB 设备或 PCI 板卡进行开发，程序代码是相同的。

3）快速启动可立即执行的范例。无须从头创建整个数据采集系统。LabVIEW 包含全套范例，适合各项常规的测量任务。这些程序覆盖了各类应用，从简单的单通道测量，到多个设备利用先进的定时、触发与同步技术实现高性能多通道系统，只需从自动更新的下拉菜单中选择硬件并单击运行。

4）借助 Express 函数，数分钟内实现测量。使用 LabVIEW 只需单击几次鼠标，即可开展初次测量。Express 函数为编程提供了交互式窗口和简单的下拉菜单；LabVIEW Express 函数可指导用户逐步完成配置，帮助其完成自定义换算和工程单位转换。此外，Express 函数还能自动检测硬件并为用户生成各类必需的代码，可节省 80% 左右的开发时间。随着对编程环境的日渐熟悉，用户可实现快速启动和运行，并灵活修改系统提供的代码。

5）一次单击即可调用高级分析功能库。LabVIEW 包含数千个特别为工程师和科学家创建的高级分析函数，这些函数均配有具体的帮助文件与文档，可用来实现高级信号处理、频率分析、概率与统计、曲线拟合、插值、数字信号处理等功能。还可将 LabVIEW 扩展至特定的应用处理，如声音和振动测量、机器视觉、RF/通信、瞬时/短时信号分析等。需要更高灵活性的用户，可将 LabVIEW 同第三方软件开发的算法进行集成。

6）数秒内创建专业用户界面。使用 LabVIEW 时，用户可通过数百个拖放式输入控件、图形和三维视觉化工具，快速创建图形化用户界面；可在短短数秒内，借助于右键菜单来自定义这些内置控件的位置、大小、对齐方式、刻度和颜色。LabVIEW 还能帮助用户创建输入控件，或纳入自定义图像与标志。编程访问功能可以实现在程序运行的过程中改变用户界面的外观。

7）轻松一步便能记录数据并生成报表。借助 LabVIEW 将数据写进磁盘或创建自定义报表，如同调用函数一样简单。本地文件格式非常适合高速数据流传输。LabVIEW 集成了 Microsoft Excel 等电子表格应用程序，还能够为测量附注描述信息，便于用户离线参考。

六、评价反馈

基本素养(30分)				
序号	评价内容	自评	互评	师评
1	纪律(无迟到、早退、旷课)(10分)			
2	安全规范操作(10分)			
3	团结协作能力、沟通能力(10分)			
理论知识(20分)				
序号	评价内容	自评	互评	师评
1	对 Express VI 的理解(10分)			
2	对 LabVIEW 中信号处理与分析的理解(10分)			
技能操作(50分)				
序号	评价内容	自评	互评	师评
1	建立继电器控制开关信号的 VI(20分)			
2	程序能够顺利运行(20分)			
3	程序界面美观(10分)			
综合评价				

七、练习与思考题

操作题

建立继电器控制开关信号的程序。

项目六
LabVIEW 编程拓展训练

任务一 通过智能终端进行远程控制

一、学习目标

1）掌握通过 iPad 远程访问 myRIO 数据的控制方法。

2）掌握通过智能终端控制 myRIO 的方法。

二、工作任务

1）用 iPad 和 myRIO 通过 Dashboard 文件进行网络共享变量的通信和

通过智能终端
进行远程控制

传输。

2）通过智能终端远程控制参数的变化。

三、实践操作

1. 修改程序

要想在 iPad 上查看 AI1 通道采集的数据，需要在程序中增加网络共享变量来传输数据，操作步骤如下：

1）打开项目三任务二创建的项目，在项目浏览器中用鼠标右键单击"myRIO-1900"，在弹出的快捷菜单中选择"新建"→"变量"，弹出"共享变量属性"对话框，如图 6-1 所示。将"名称"命名为"AI Value"，"变量类型"为"网络发布"，"数据类型"为"双精度"，单击"确定"按钮，完成共享 AI 通道值变量的创建。

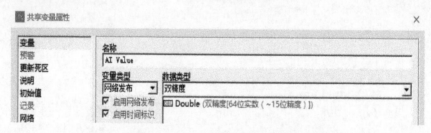

图 6-1 "共享变量属性"对话框

2）在项目浏览器中选择"保存"命令，将新创建的变量保存至变量库中，并将变量库命名为"7segLED"。

3）打开 Main 程序，把新建的共享变量直接拖拽到程序框图中，如图 6-2 所示；用鼠标右键单击变量选择"访问模式"→"写入"，如图 6-3 所示，将输入通道的数值赋予新建的共享变量，连接数据线并保存。

4）返回项目浏览器，在变量库"7segLED"处单击鼠标右键，选择"部署"，然后单击运行按钮，将共享变量部署到 myRIO 上。

2. 终端设置

对智能终端 iPad 进行相关设置的步骤如下：

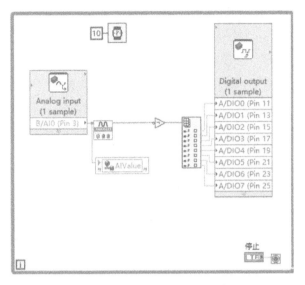

图 6-2 把新建的共享变量拖入程序框图

图 6-3 转换共享变量的访问模式

1）为 iPad 安装一个名为"Data Dashboard for LabVIEW"的 App。用户可在 AppStore 中搜索，查看该 App 的相关介绍。

2）下载安装后打开"软件"，可以看到已创建的 Dashboard 文件。

3）连接智能终端 iPad 和 myRIO。有两种连接方式：一种是将 iPad 和 myRIO 连接到同一个无线路由器上；另一种方法是将 myRIO 作为一个无线 AP，将上位机和其他的 iPad 连接到 myRIO 上。如图 6-4 所示，这里采用第二种方式，即把 iPad 接入 myRIO 的无线网络。

图 6-4 将 iPad 接入 myRIO 的无线网络

4）打开 Data Dashboard，新建一个 Dashboard 文件，如图 6-5 所示。可在其中放置控件，并将其与远程系统中的共享变量绑定。

5）创建波形图表。选择"Controls and Indicators"→"Indicators"→"Chart"直接拖曳至界面上，调整大小。如图 6-6 所示，创建 Chart 控件。

6）更改属性。选中控件，选择"Properties"→"Graph Axes"，在打开的设置窗口中选择关闭 Y 轴的自动调整（见图中"Y Autoscale"），将其最大值设置为 3.5，如图

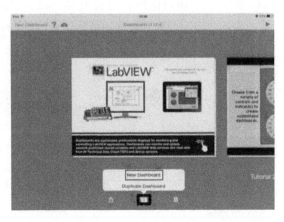

图 6-5 新建一个 Dashboard 文件

6-7 所示。选择"Properties"→"Font",可改变字体大小等属性。

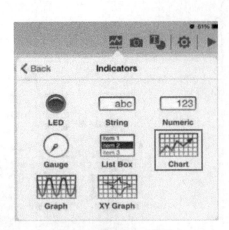

图 6-6　创建 Chart 控件　　　　　　　　　　图 6-7　更改控件属性

7)绑定 Chart 控件和共享变量 AI Value。单击选择"Connect"→"Shared Variables",在"New Server"文本框中输入 myRIO 的 IP 地址"172.16.0.1"。单击"Connect"(连接)按钮,打开可供绑定的共享变量库,单击选择"7 seg LED",显示其中的共享变量,单击选中"AI Value",完成绑定,如图 6-8 所示。

图 6-8　绑定 Chart 控件和共享变量 AI Value

8)单击右上角的运行程序按钮(此时 myRIO 上的程序也必须运行),当调节电位器输入(即改变 AI 端口电压)时,可在 iPad 上读取到相应值的变化。图 6-9 所示为 iPad 上的监

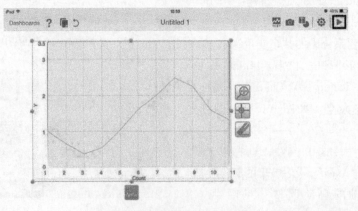

图 6-9　智能终端上的监测结果

测结果。

四、问题探究

? WiFi 技术的原理是什么?

最初,WiFi 技术由于不成熟而导致传输速度较慢(遗失数据严重),使市场接受程度偏低。但是,自从英特尔公司向市场推出名为迅驰(Centrino)的无线整合技术后,整个无线网络市场又被重新挖掘开来。目前,WiFi 已成为一项成熟的技术,是一种主流的无线网络标准。

? WiFi 技术的性能指标是什么?

现在,无线网通信协议采用的主要标准是 IEEE802.11b、IEEE802.11a 和 IEEE802.11g,表 6-1 中对其性能指标进行了比较。在无线局域网市场中,采用标准 IEEE 802.11a 的产品广泛应用于国外,国内产品使用的主流标准则是 IEEE802.11b,IEEE802.11g 标准由于数据传输速率高并能与 IEEE802.11a、IEEE802.1lb 标准兼容而受到青睐。采用双频三模(IEEE802.11a/b/g)的产品是发展趋势。双频三模无线产品不但可工作在 IEEE802.1la 标准的 5GHz 频段,还可与工作在 2.4GHz 频段的采用 IEEE802.11b 和 IEEE802.11g 标准的产品全面兼容,实现无线标准的互联与兼容。

表 6-1 性能指标比较

标准	IEEE802.11b	IEEE802.11g	IEEE802.11a
工作频段/GHz	2.4	2.4、5	5
数据传输速率/Mbps	1、2、5.5、11	1、2、5.5、11、6、12、24;9、18、36、48、54	6、12、24、9、18、36、48、54
覆盖范围/in	150~300	50~150	30

? WiFi 的关键技术是什么?

WiFi 技术所遵循的 IEEE802.11 标准最初应用于军事无线电通信,这一技术至今仍是美军通信器材对抗电子干扰的重要通信技术。因为 WiFi 技术中所采用的展频(Spread Spectrum,SS)技术具有非常优良的抗干扰能力,并且在进行反跟踪、反窃听时具有很出色的效果,因而能够提供稳定的网络服务。常用的展频技术有三种:直序展频技术、跳频展频技术和正交频分复用技术。图 6-10 所示为直序展频的过程。

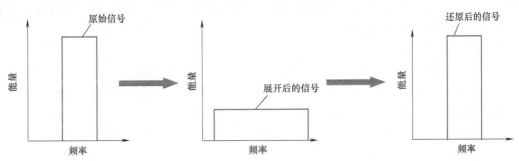

图 6-10 直序展频的过程

1. 直序展频技术

直序展频（Direct Sequence Spread Spectrum，DSSS）技术，是指把原来功率较高且带宽较窄的原始功率频谱分散在很宽广的带宽上，使整个发射信号用很少的能量即可被传送出去。

2. 跳频展频技术

跳频展频（Frequency-Hopping Spread Spectrum，FHSS）技术是指把整个带宽分割成不少于 75 个频道，每个不同的频道都可以单独传送数据。当传送数据时，根据收发双方预定的协议，在一个频道传送一定时间后，就同步"跳"到另一个频道上继续通信。

FHSS 系统通常在若干不同频段之间跳转，以避免相同频段内其他传输信号的干扰。在每次跳频时，FHSS 信号表现为一个窄带信号。

在传输过程中，可以不断地把信号跳转到协议好的频道上，在军事上可以作为电子反跟踪的主要技术。由于信号在频道之间是不断跳转的，即使敌方在某一时刻能从某个频道上监听到信号，但很难追踪到下一个要跳转的频道，从而达到反跟踪的目的。

3. 正交频分复用技术

正交频分复用（Orthogonal Frequency Division Muliplexing，OFDM）技术，是一种无线环境下高速多载波传输技术。其主要原理是：在频域内将给定信道分成许多正交子信道，在每个子信道上使用一个子载波进行调制，各子载波并行传输，从而可以有效地抑制无线信道时间弥散所带来的符号间干扰（Inter Symbol Interference，ISI），降低手机内均衡器的复杂程度，有时甚至可以不采用均衡器，仅通过插入循环前缀的方式消除 ISI 的不利影响。

五、知识拓展

1. WiFi 技术的发展

WiFi 产品所遵循的标准是 IEEE802.11 系列标准。该标准是由美国电气和电子工程师协会（Institute of Electrical and Electronic Engineers，IEEE）为解决无线网络设备互连，于 1997 年 6 月制定、发布的无线局域网标准。

随着使用需求的增加，又产生了 IEEE802.11a 标准。该标准工作在 5GHz 频段，最大数据传输速率可达 54Mbps。采用 OFDM 调制技术的 IEEE802.11a 标准与 IEEE802.11b 标准相比，具有两个明显的优点：第一，提高了每个信道的最大传输速率（11~54Mbps）；第二，增加了非重叠的信道数。因此，IEEE802.11a 标准可以同时支持多个相互不干扰的高速 WLAN。但是，这些优点是以兼容性和传输距离为代价的。IEEE802.11a 标准和 IEEE802.11b 标准工作在不同的频段，两个标准的应用产品不能兼容。此外，由于 IEEE802.11a 标准支持的传输距离较小，因此要覆盖相同的范围，需要更多的 IEEE802.11a 接入点。2002 年年初首次出现支持 IEEE802.11a 标准的产品。

2. 现有 WiFi 技术的特点

WiFi 技术在其被开发出来时就有一些优点和缺点。其主要问题是：第一，在 WiFi 技术所用标准中，IEEE802.11b 标准是目前使用最广泛的，支持此标准的产品比支持 IEEE802.11a 标准和 IEEE802.11g 标准的产品便宜，但 IEEE802.11b 标准也是其中带宽最低、传输距离最短的一个标准；第二，IEEE802.11a 标准比 IEEE802.11b 标准具有更大的吞吐量，可同时使用多个频道以加速传输速率，电波不易受干扰，传输速率也很快，但由于它的工作频率为 5GHz，与 IEEE802.11b 标准和 IEEE802.11g 标准不兼容（二者工作频率均为

2.4GHz），所以是目前较少应用于 WiFi 技术的标准；第三，IEEE802.11g 标准的数据传输速率（理论上达 54Mbps）比 IEEE802.11b 标准（数据传输速率理论上为 11Mbps）要高，并且可与之兼容，但它比 IEEE802.11b 标准更容易受外界干扰，其应用如无绳电话、微波炉及其他在 2.4GHz 频段上工作的设备。

在安全性上，一般的无线设备在传播信息时所使用的无线信号可被其他人侦听到，并且由于目前常用的 IEEE802.11b 标准和 IEEE802.11g 标准工作在免费的通用频段之内，所以在设计 WiFi 无线设备的过程中必须考虑安全保密的内容。目前生产的无线设备中，大多数采用的是 40~128 位的有线等效保密（Wired Equivalent Privacy，WEP）技术，部分产品采用虚拟专用网络（Virtual Private Network，VPN）技术，在安全性方面已达到了一定的水平，但随着技术的发展，安全性方面还有待改进。

六、评价反馈

基本素养(30 分)				
序号	评价内容	自评	互评	师评
1	纪律(无迟到、早退、旷课)(10 分)			
2	安全规范操作(10 分)			
3	团结协作能力、沟通能力(10 分)			
理论知识(20 分)				
序号	评价内容	自评	互评	师评
1	掌握通过 iPad 远程访问 myRIO 数据的控制方法 (20 分)			
技能操作(50 分)				
序号	评价内容	自评	互评	师评
1	独立完成远程控制的调整(10 分)			
2	独立完成终端配置(10 分)			
3	程序校验(20 分)			
4	运行(10 分)			
综合评价				

七、练习与思考题

1. 填空题

WiFi 的关键技术有直序展频技术、＿＿＿＿＿＿＿＿＿＿、OFDM 技术。

2. 简答题

1）怎样进行终端配置？

2）现有 WiFi 技术的特点是什么？

任务二　利用板载 FPGA 电路模块完成即时声音信号处理

利用板载 FPGA 电路模块完成即时声音信号的处理

一、学习目标

1）掌握 myRIO 中 FPGA 电路模块的应用方法。

2）掌握 FPGA 电路模块的功能、特点及应用领域。

二、工作任务

1）板载 FPGA 电路模块的开发。

2）基于 FPGA 电路模块进行音频信号处理，通过设置不同的滤波参数观察得到的不同输出效果。

三、实践操作

myRIO 内嵌 XilinxZynq 芯片，支持 667MHz 双核 ARM Cortex-A9 可编程处理器和可定制的现场可编程门阵列（Field-Programmable Gate Array，FPGA）电路模块。设备出厂时已配置好 FPGA 电路模块，用户使用时可直接运行其基础功能，无须额外为其进行编程。myRIO 也支持进一步开发时对 FPGA 电路模块进行自定义，并重新配置 I/O 接口。这里介绍对板载 FPGA 电路模块的开发以利用 myRIO 完成音频信号的提取、分析与输出的方法。

1. 查看 myRIO 中 FPGA 电路模块的默认配置信息

1）保存所有开启的应用，返回 LabVIEW 启动界面，单击"Create Project"按钮。

2）在"创建项目"对话框左侧的列表中，选择"模板"→"myRIO"，然后在对话框右侧列表中选择"myRIO Custom FPGA Project"，如图 6-11 所示，创建 FPGA 模板项目。

图 6-11　创建 FPGA 模板项目

3）单击"Next"按钮，进行配置，然后单击"Finish"按钮完成创建。

4）在项目浏览器中展开 myRIO 目标后，可以查看新增加的"Chassis"树形结构。因为 FPGA 电路模块位于 myRIO 设备上，因此项目中的 FPGA 目标位于"Chassis"目录下，如图 6-12 所示。

FPGA 模块电路的重要作用是处理 myRIO 上的所有 I/O 接口，可以在项目中找到对应于这些 I/O 接口的文件夹，这些文件夹标明了每一个 I/O 节点在真实物理设备上的对应位置。两个 MXP 接口、一个 MSP 接口、板载 I/O 接口均对应于独立的文件夹。在文件夹的下一级又按照 I/O（数字量或模拟量）类和 I/O 节点的物理地址分段被划分为子文件夹。将这些 I/O 节点拖入 FPGA 模块电路程序框图中，从而对其进行读/

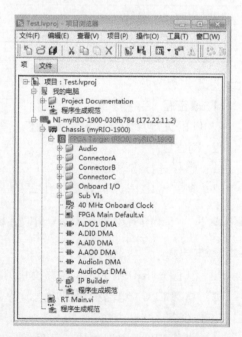

图 6-12　在项目浏览器中查看 FPGA

写操作。

5）打开 Test FPGA Main Default. vi，查看默认提供的 FPGA 代码。

按照 LabVIEW 项目的配置，FPGA 电路模块采用 40MHz 的时钟，所有创建在项目中 FPGA 目标下的 VI 都会被认为是 FPGA 电路模块 VI，即这些代码的最终执行对象是 FPGA（代码最终将被编译成比特流文件对 FPGA 进行配置），因此 LabVIEW 软件会根据这一特点自动限制 VI 中的函数和数据类型。用户使用时可选择创建新的 FPGA 电路模块 VI，或修改默认提供的 FPGA 电路模块 VI。

模板中默认提供的 FPGA 电路模块 VI 的主要作用是：处理 FPGA 电路模块的 I/O 数据，并做好将这些数据传送到 Real-Time 实时系统 VI（在 ARM 处理器上运行）的准备。默认的 FPGA 电路模块 VI 还可以处理 MXP 接口和 MSP 接口的所有输入和输出，包括 PWM、I2C、SPI 和正交编码器 I/O 信号。

使用默认的 FPGA 电路模块配置就可以满足项目需求。为简化项目开发，只需要开发运行于 ARM 处理器上的 Real-Time Host VI，以及在有需要时开发运行在上位机的 Windows VI，二者都可以通过普通的 myRIO Project 来创建项目。在有一些特殊需要时，用户也可以创建自定义的 FPGA 项目，从而利用自定义 FPGA 电路模块 VI 所带来的灵活性、时间确定性、协处理等优势。

2. 示例

1）使用 USB 线连接 myRIO 设备与开发上位机，使用 myRIO 设备开发套盒中的音频信号线将音源（例如 MP3 或智能手机等）连接至 myRIO 设备侧面的 AUDIOIN 接口，以提取音频信号至板载 A-D 电路，再将音频播放设备（例如音箱或耳机等）的信号线连接至 AUDIOOUT 接口，以播放处理好的左右声道音频信号。

图 6-13　查找 FPGA Filter. vi 程序

2）打开 FPGA Audio Filter 项目文件，在 FPGA Target 文件夹中找到 FPGA Filter. vi 程序（见图 6-13），该程序可实现在 FPGA 电路模块上完成滤波处理过程。

3）打开 myRIO 目标下运行在实时系统上的 RT No Filter. vi 程序，在程序框图中已经打开 FPGA Filter 的 VI 引用，单击 I/O 资源名的下拉菜单，通过 Browse 找到 myRIO 的 FPGA Target Name。图 6-14 所示为在实时系统上运行的程序。

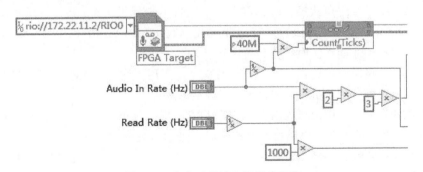

图 6-14　在实时系统上运行的程序

此项目开发模式是一种进阶开发模式，不仅为 myRIO 开发在实时操作系统上运行的程序，也自定义开发在 FPGA 电路模块上运行的程序。一般在 LabVIEW 中按模板创建 myRIO FPGA 项目时，系统已默认其预设的程序特性，用户可直接使用 myRIO 上的程序进行开发。

4）选择在实时系统上运行的程序，单击运行按钮，LabVIEW 软件自动下载比特流文件至 FPGA 电路板上并编译实时操作系统上的程序，运行于 ARM 上的程序调用相应的接口函数，与 FPGA 电路板上执行的功能和算法进行参数和数据交互。当输入音频信号时，可在前面板上看到左、右声道中红色的滤波前信号和蓝色的滤波后信号。用户可在频率选择器中选择滤波参数，体会不同的滤波效果，如图 6-15 所示。

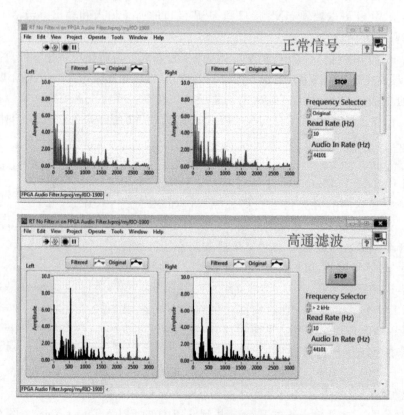

图 6-15　在 Frequency Selector 中不同滤波效果图

注意：第一次下载编译此项目时，需先在上位机上编译 FPGA Filter.vi 程序，此程序已被设置为运行模式。事实上，如果自定义开发或修改 FPGA Target 文件夹中的 VI 文件时，都需要先通过编译，才能在实时操作系统上运行程序。

基于 FPGA 电路模块进行音频信号处理的程序，利用不同的滤波参数能得到不同的输出结果，这一结论可以应用于抗噪耳机的开发等实际工程中。

在本任务的开发过程中，可参考范例程序 FPGA Audio Filter，它是一个使用 myRIO 内嵌的 XilinxZynq 芯片上的 PFGA 电路模块完成即时声音信号处理的程序。

对于需要高确定性控制或大量信号处理的应用而言，可将算法放在 FPGA 电路模块上执行，此时需要对其进行编程重配置，可以通过安装光盘中的 LabVIEW FPGA 模块帮助完成这项工作。此外，在 myRIO 网络社区中，已有许多编写好的 FPGA 配置程序，用户也可直接使用。

四、问题探究

? 什么是 FPGA 电路？

FPGA（Field-Programmable Gate Array）电路，即现场可编程门阵列电路，它是在可编程阵列逻辑（Programmable Array Logic，PAL）器件、通用阵列逻辑（General Array Logic，GAL）器件、复杂可编程逻辑器件（Complex Programmable Logic Device，CPLD）等基础上进一步发展的产物。它是作为专用集成电路（Application Specific Integrated Circuit，ASIC）领域中的一种半定制电路而出现的，既解决了定制电路的不足，又克服了原有可编程器件门电路数有限的缺点。

? 如何进行 FPGA 电路的开发？

FPGA 电路的开发相对于传统的计算机、单片机的开发有很大的不同。FPGA 电路开发以并行运算为主，通过硬件描述语言来实现；相比于计算机或单片机（无论是冯·诺依曼结构还是哈佛结构）的顺序操作有很大的区别，因此造成了 FPGA 电路的开发入门较难。目前国内有专业的 FPGA 电路外协开发厂家，如北京中科鼎桥科技有限公司等。FPGA 电路的开发需要从顶层设计、模块分层、逻辑实现、软硬件调试等多方面着手。

? FPGA 电路的工作原理是什么？

FPGA 电路采用逻辑单元阵列（Logic Cell Array，LCA）概念，内部包括可配置逻辑模块（Configurable Logic Block，CLB）、输入输出模块（Input Output Block，IOB）和内部连线（Interconnect）三个部分。现场可编程门阵列电路是可编程器件，与传统逻辑电路和门阵列器件（如 PAL 器件、GAL 器件及 CPLD）相比，FPGA 电路具有不同的结构。它利用小型查找表（16×1RAM）来实现组合逻辑，每个查找表连接到一个 D 触发器的输入端，由触发器驱动其他逻辑电路或 I/O 接口，由此构成既可实现组合逻辑功能，又可实现时序逻辑功能的基本逻辑单元模块，这些模块间利用金属连线互相连接或连接到 I/O 模块。FPGA 电路的逻辑是通过向内部静态存储单元加载编程数据来实现的，存储在存储器单元中的值决定逻辑单元的逻辑功能以及各模块之间或模块与 I/O 接口之间的连接方式，并最终决定 FPGA 电路所能实现的功能。FPGA 电路允许无限次的编程。

? FPGA 电路的电源类型有哪些？

FPGA 电路的电源输出电压范围为 1.2~5V，输出电流范围则是从数十毫安到数安培。其电源有三种：低压差线性稳压器、开关式稳压器和开关式电源模块。最终选择何种电源取决于系统、系统预算和上市时间要求。

如果电路板空间是首要考虑因素，低输出噪声十分重要，或者系统要求能对输入电压变化和负载瞬变做出快速响应，则应使用低压差线性稳压器。低压差线性稳定器的功效比较低，只能提供中低输出电流。输入电容通常可以降低低压差线性稳定器的输入端的电感和噪声。低压差线性稳定器的输出端也需要连接电容，用来处理系统瞬变，并保持系统稳定性。

也可以使用双输出低压差线性稳定器，同时为 VCCINT 端和 VCCO 端供电。

如果在设计中效率至关重要，并且系统要求有大电流输出，则开关式稳压器占优势。开关式稳压器的功效比高于低压差线性稳压器，但其开关电路会增加输出噪声。与低压差线性稳压器不同，开关式稳压器需利用电感来实现 DC-DC 转换。

五、知识拓展

这里介绍一下 FPGA 电路模块的典型应用领域。

1. 数据采集和接口逻辑领域

（1）FPGA 电路模块在数据采集领域的应用　由于自然界的信号大部分是模拟信号，因此一般的信号处理系统中都包括数据采集功能，然后利用 A-D 转换器将模拟信号转换为数字信号，送给处理器，如利用单片机（Microcontroller Unit，MCU）或者数字信号处理器（Digital Signal Processor，DSP），进行运算和处理。

对于低速的 A-D 转换器和 D-A 转换器，可以采用标准的 SPI 接口与 MCU 或者 DSP 通信。但是，对于高速的 A-D 转换芯片和 D-A 转换芯片，如视频解码器或者编码器，不能与通用的 MCU 或者 DSP 直接连接。在这种场合下，可用 FPGA 电路完成数据采集的通用接口转换。

（2）FPGA 电路模块在接口逻辑领域的应用　在实际的产品设计中，很多情况下需要与计算机进行数据通信。例如，将采集到的数据送给计算机处理，或者将处理后的结果传给计算机进行显示等。计算机与外部系统通信的接口比较丰富，如 ISA 接口、PCI 接口、PCI Express 接口、PS/2 接口、USB 接口等。

传统的设计中往往需要专用的接口芯片，如 PCI 接口芯片。如果需要的接口比较多，还需要较多的外围芯片，体积、功耗都比较大。采用 FPGA 电路模块后，可以在该电路模块内部实现所有的接口逻辑，大大简化了外围电路的设计。

2. 高性能数字信号处理领域

无线通信、软件无线电、高清影像编辑和处理等领域对信号处理的计算量提出了极高的要求。传统的解决方案一般是采用多片 DSP 并联构成多处理器系统。

但是多处理器系统带来设计复杂程度和系统功耗都大幅度提升的问题，系统稳定性受到影响。FPGA 电路模块支持并行计算，而且密度和性能都在不断提高，可以在很多领域替代传统的多 DSP 解决方案。

例如，实现高清视频编码算法 H.264 时，采用 TI 公司 1GHz 主频的 DSP 芯片共需要 4 个，而采用 Altera 公司的 StratixII EP2S130 芯片则只需要一个就可以完成相同的任务。FPGA 电路模块的实现流程和 ASIC 芯片的前端设计相似，有利于导入芯片的后端设计。

3. 其他应用领域

除了上面一些应用领域外，FPGA 电路模块在如下领域同样具有广泛的应用：

1）汽车电子领域，如网关控制器/车载计算机、远程信息处理系统。

2）军事领域，如安全通信、雷达和声呐、电子战。

3）测试和测量领域，如通信测试和监测、半导体自动测试设备、通用仪表。

4）消费产品领域，如显示器、投影仪、数字电视和机顶盒、家庭网络。

5）医疗领域，如软件无线电、电疗、生命科学。

六、评价反馈

基本素养（30 分）			
序号	评价内容	自评	互评	师评
1	纪律（无迟到、早退、旷课）（10 分）			
2	安全规范操作（10 分）			
3	团结协作能力、沟通能力（10 分）			
理论知识（20 分）			
序号	评价内容	自评	互评	师评
1	声音信号处理（10 分）			
2	FPGA 电路模块的应用（10 分）			
技能操作（50 分）			
序号	评价内容	自评	互评	师评
1	独立完成声音信号处理（20 分）			
2	信号处理程序校验（10 分）			
3	操作信号处理（10 分）			
4	程序运行（10 分）			
综合评价			

七、练习与思考题

1. 填空题

FPGA 电路模块的应用领域有＿＿＿＿＿＿、高性能数字信号处理领域、＿＿＿＿＿＿。

2. 简答题

什么是 FPGA 电路模块？

任务三　RC 电路的输出电压控制

一、学习目标

1）掌握 RC 电路输出电压的控制方法。

2）了解 myRIO 中 RC 电路的控制方法。

RC 电路的输出
电压控制

二、工作任务

1）认识 RC 电路。

2）运用 LabVIEW 编程实现 myRIO 中 RC 电路控制。

三、实践操作

1. 认识仿真程序

把 RC 电路当作一个被控对象，AI0 为反馈信号端，用 myRIO 设备的 AI 通道来采集电压。AO0 是控制电压端，可以用 myRIO 的 AO 通道来控制。RC 电路是一个典型的一阶线性系统，很多真实系统实际上都可以抽象成一阶线性系统，因此虽然采用的被控对象是一个简单的 RC 电路，但是设计方法是相通的。图 6-16 所示为 RC 电路原理。

由于 RC 电路的电阻和电容的值已知，因此可以用一

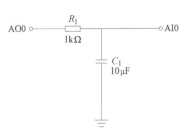

图 6-16　RC 电路原理

个一阶模型对其进行建模和仿真。仿真程序 RC Simulate. vi 已经创建,用于对 RC 电路控制的仿真,采用 PI 控制方法,P 和 I 的参数从前面板输入,同时在前面板上输入期望的 RC 电路输出值,即期望的被控对象的输出。运行程序之前需要将安装盘中的 Control Design and Simulation 模块安装并复制至 myRIO 中。

注意:仿真程序在项目中位于"我的电脑"目标下,所以它其实并不是在 myRIO 上运行,而是在计算机上运行。

双击打开仿真程序,在程序框图中可以看到,程序是基于 LabVIEW 软件的控制设计与仿真模块来编写的,所以主体循环是 LabVIEW 中的控制与仿真循环,其中的 PI 控制算法都是用基本模块搭建的。此外 LabVIEW 中也有 PID 工具包,用户可以直接利用其中的函数来实现这个过程。图 6-17 所示为仿真程序的程序框图。

按下<Ctrl+H>键,将鼠标移至感兴趣的函数上方,可以通过注释对该函数进行更多的了解,也可以单击 Detailed Help 超链接,打开完整的 LabVIEW 帮助文档。

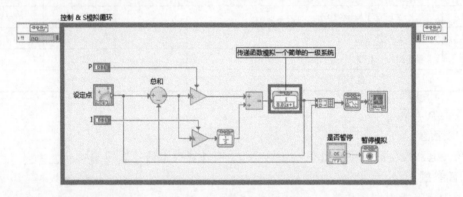

图 6-17　仿真程序的程序框图

2. 修改传递函数值

在仿真程序框图中,粗黑线框中是用一个一阶传递函数来表示的仿真模型。双击该模型,打开"Transfer Function Configuration"(传递函数配置)对话框,如图 6-18 所示,在左

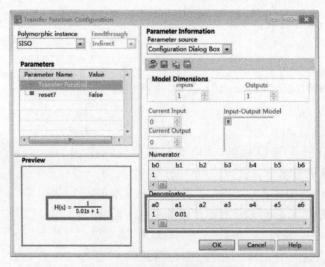

图 6-18　传递函数配置对话框

下角的"Preview"区域中可看到这个传递函数，用户可通过参数设置来修改。根据电阻和电容的实际值可计算出当前一次项系数。

3. 运行仿真程序

将参数 P、I 的值分别修改为 1、100，可以看到呈现跟随更紧密惯性过程的仿真结果。图 6-19 所示为不同 P、I 参数下的仿真结果。

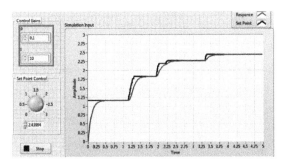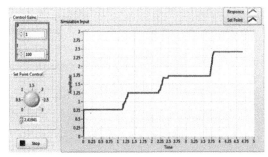

图 6-19 不同 P、I 参数下的仿真结果

4. 实验操作

运行仿真程序后，把控制算法部署到 myRIO 的实时控制器上，并用一个真实的 RC 电路替换用于仿真的传递函数模型，同时把软件仿真的接口改成硬件 I/O 输入接口和输出接口。

1）根据电路图将真实的 RC 电路连接到 myRIO 上。通过 myRIO 上 B 接口的 AO0 端给 RC 电路提供输入信号，AI0 端口测量电容上的电压作为反馈信号，图 6-20 所示为将焊接电路板通过 MXP 接口与 myRIO 连接。当然，也可以在面包板上搭建相应的电路，然后用杜邦线将电路与 myRIO 的相应端口连接起来。

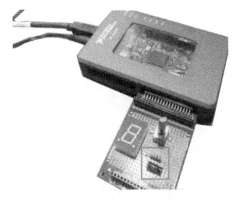

图 6-20 将焊接电路板通过 MXP 接口连接到 myRIO 上

2）在 myRIO 项目浏览器中，将上位机中用于仿真的控制算法移植到 myRIO 上执行。用 LabVIEW 开发嵌入式应用时，直接将 RC Simulate.vi 文件从"我的电脑"下方拖到"myRIO"目录中即可。拖动之后，可另存文件并将其重命名为"RC Real Control.vi"。图 6-21所示为 RC 电路控制程序框图。

5. 修改程序框图

1）模拟输出。删除传递函数模型，操作方法是：在函数选板中选择"myRIO"→"Default FPGA Personality"→"Analog output"快速 VI，在配置窗口的"Channel"一项中选择"B/AO0（Pin 2）"。

2）模拟输入。操作方法是：在函数选板中选择"myRIO"→"Default FPGA Personality"→"Analog Input"快速 VI，在配置窗口的"Channel"一项中选择"B/AI0（Pin 3）"，按图 6-21所示连接。

3）单击运行按钮，程序下载至实时处理器上执行，改变期望响应值或 P、I 参数，观察响应。

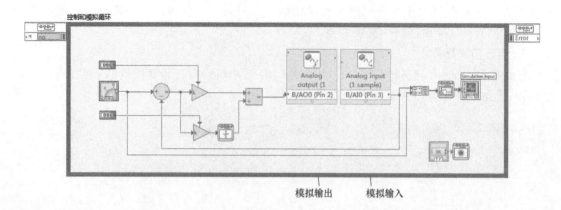

模拟输出　　　模拟输入

图 6-21　RC 电路控制程序框图

注意：运行结果的显示界面与仿真时完全类似，但由于控制程序在实时处理器上运行，上位机仅用于将 P、I 参数和期望的响应输出值等信息通过后台的网络传输机制传递给控制器，并且显示传递回来的响应参数，因此在修改 P、I 参数值的过程中，响应结果可能会产生一定的过冲，这与仿真程序的运行情况有所不同。

6. 改进实验

上述 RC 电路的期望响应输出值是由上位机程序传递给 myRIO 的，还可以通过给 myRIO 连接一个电位器赋予期望响应输出值。如果电位器的输出端连接在 AI1 通道上，那么需要将"Set Point"旋钮控件替换成 AI1 通道的模拟输入。图 6-22 所示为修改后的 RC 电路控制程序框图。

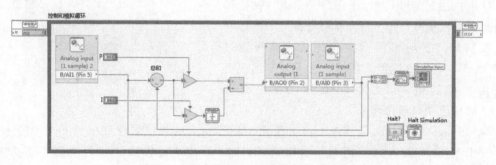

图 6-22　修改后的 RC 电路控制程序框图

运行程序，当旋转电位器旋钮时，可在显示控件上看到相应的变化和响应。图 6-23 所示为使用电位器控制 RC 电路电压输出的响应结果。

在实际项目的调试过程中，被控对象的模型可能是未知的，因此多数时候控制参数是靠反复调试获得的。在这种情况下，可以不按传统的步骤（即先建模仿真，再部署控制算法至实时处理器上执行），而是直接用

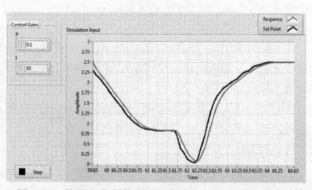

图 6-23　使用电位器控制 RC 电路电压输出的响应结果

LabVIEW 中普通的循环指令来实现控制。如果需要一定的实时性，也可以使用 LabVIEW 中的定时循环指令，路径为：函数选板→"Programming"→"Structures"→"Timed Structures"→"Timed Loop"，具体信息可以参考帮助文档。

四、问题探究

RC 电路的原理是什么？

RC 一阶电路是最简单的交流动态电路，可以应用欧姆定律对其进行分析。已知电阻 R 的电流、电压关系符合欧姆定律，即 $R = \dfrac{V}{I}$；而电容 C 的电流、电压关系是：$i_C = C \dfrac{dV_C}{dt}$。当电阻和电容串联使用时，反映它们电流、电压关系的是一阶微分方程，因此称此 RC 电路为一阶电路。

1. RC 微分电路

RC 微分电路如图 6-24 所示。

由于电阻和电容是串联的，所以流过它们的电流 i 相同，则输入电压、输出电压公式为

$$V_i = V_C + V_R = \frac{1}{C} \int_{-\infty}^{t} i_C \, dt + R i_C \qquad (6\text{-}1)$$

$$V_i = i_C R \qquad (6\text{-}2)$$

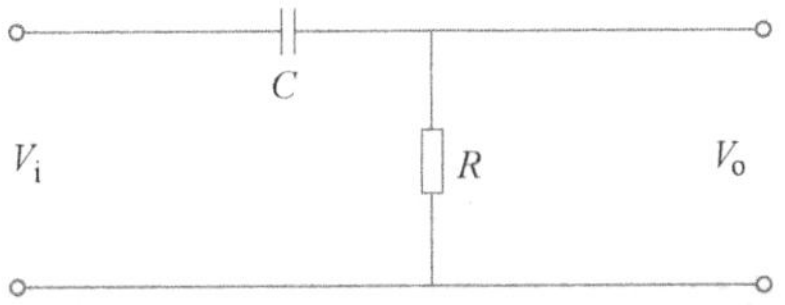

当电阻和电容较小时

$$V_i \approx \frac{1}{RC} \int_{-\infty}^{t} V_o \, dt \qquad (6\text{-}3)$$

或

$$V_o = RC \frac{dv_i}{dt} \qquad (6\text{-}4)$$

图 6-24　RC 微分电路

从式（6-4）可以明确地看出，输出电压是输入电压的微分再乘以 RC。当 V_i 为方波时，V_o 为一系列正负相间的、小的窄脉冲（见图 6-25a）。当 V_i 为正弦波时，V_o 为余弦波，因为 $\dfrac{d\sin(\omega t)}{dt} = \omega \cos(\omega t)$（见图 6-25b），而且从波形上看，$V_o$ 波形的相位超前 V_i 波形 90°。

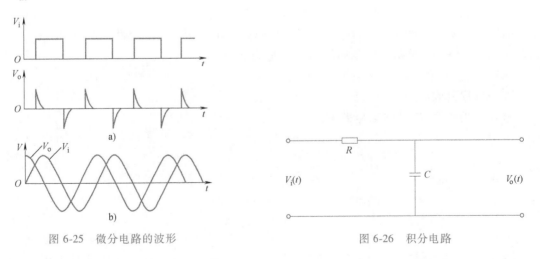

图 6-25　微分电路的波形

图 6-26　积分电路

2. RC 积分电路

积分电路是输出电压与输入电压的积分成正比的电路，如图 6-26 所示。

电压公式为
$$V_o = \frac{1}{C} \int i\,\mathrm{d}t \qquad (6\text{-}5)$$

$$V_i = iR + \frac{1}{C} \int i\,\mathrm{d}t = iR\,(\text{当第二项远小于第一项时}) \qquad (6\text{-}6)$$

由式（6-2）可得
$$i = \frac{V_i}{R} \qquad (6\text{-}7)$$

把式（6-7）代入式（6-5）得
$$V_o = \frac{1}{RC} \int V_i\,\mathrm{d}t \qquad (6\text{-}8)$$

五、知识拓展

RC 电路全称为 Resistance-Capacitance Circuits。RC 电路也被称为 RC 滤波器、RC 网络，是一个利用电压源、电流源驱使电阻器、电容器工作的电路。

一个简单的 RC 电路是由一个电容器和一个电阻器组成的，称为一阶 RC 电路，按其结构分成如下几种类型。

1. RC 串联电路

图 6-27 所示为 RC 串联电路。

RC 串联电路的特点是：由于有电容存在，不能流过直流电流；电阻和电容都对电流存在阻碍作用，其总阻抗由电阻和容抗决定，且总阻抗随频率的变化而变化。RC 串联电路有一个转折频率：$f_0 = 1/2\pi R_1 C_1$。当输入信号频率大于 f_0 时，整个 RC 串联电路总的阻抗基本不变，其大小等于 R_1。

图 6-27　RC 串联电路

2. RC 并联电路

图 6-28 所示为 RC 并联电路。

RC 并联电路可以通过直流信号和交流信号。RC 并联电路和 RC 串联电路有着同样的转折频率：$f_0 = 1/2\pi R_1 C_1$。当输入信号频率小于 f_0 时，信号相对电路为直流，电路的总阻抗等于 R_1；当输入信号频率大于 f_0 时 C_1 的容抗相对很小，总阻抗为电阻阻值并上电容容抗，当频率高到一定程度后总阻抗为 0。

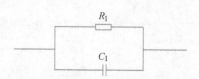

图 6-28　RC 并联电路

3. RC 串并联电路

图 6-29 所示为 RC 串并联电路。

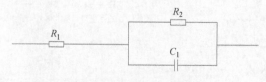

图 6-29　RC 串并联电路

RC 串并联电路存在两个转折频率 f_{01} 和 f_{02}：$f_{02} = 1/2\pi R_1 C_1$，$f_{02} = 1/2\pi C_1 [R_1 R_2/(R_1 + R_2)]$。当信号频率低于 f_{01} 时，C_1 相当于开路，该电路的总阻抗为 $R_1 + R_2$；当信号频率高于

f_{02}时，C_1相当于短路，此时电路的总阻抗为 R_1；当信号频率高于 f_{01} 且低于 f_{02} 时，该电路的总阻抗在 R_1+R_2 和 R_1 之间变化。

六、评价反馈

基本素养(30分)				
序号	评价内容	自评	互评	师评
1	纪律(无迟到、早退、旷课)(10分)			
2	安全规范操作(10分)			
3	团结协作能力、沟通能力(10分)			
理论知识(20分)				
序号	评价内容	自评	互评	师评
1	RC电路模拟的应用(20分)			
技能操作(50分)				
序号	评价内容	自评	互评	师评
1	独立编写 RC 电路的输出电压程序(20分)			
2	独立完成输出电压数据记录(10分)			
3	操作 RC 电路(10分)			
4	程序运行(10分)			
综合评价				

七、练习与思考题

简答题

1）RC 串联电路与 RC 并联电路的区别是什么？

2）myRIO 中 RC 电路的控制方法是什么？

任务四 设计 LabVIEW 网络程序

一、学习目标

1）掌握利用 Data Socket 工具传输数据的方法。

2）掌握在 LabVIEW 中利用 Data Socket 工具进行数据传输的程序运行模式。

设计 LabVIEW
网络程序

二、工作任务

1）利用 Data Socket 工具的前面板对象数据传输方法，完成两个同时运行的 VI 程序间实时数据（或共享数据）的发送和接收。

2）设计程序框图，运用 Data Socket 工具实现两个同时运行的 VI 程序间的网络数据传输。

三、实践操作

数据发送 VI 如图 6-30 所示，用来发送正弦波信号。前面板中的正弦波由"Sine Pattern.vi"（正弦信号 VI）产生（位于右键菜单"信号处"→"信号生成"）；"amplitude"控制滑块用于控制正弦波的幅度。VI 运行时将产生的正弦波数据通过 Data Socket Server 写到地址 dstp：//localhost/dssine 上，再将其读出并显示在 Waveform Graph 上。

数据读取 VI 如图 6-31 所示，用来接收正弦波信号。前面板中的正弦波通过 Data Socket Server 读取得到。

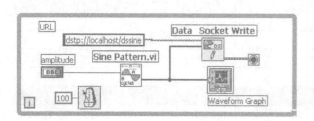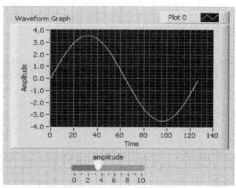

图 6-30　发送数据 VI 的程序框图及前面板

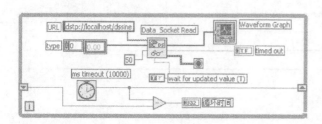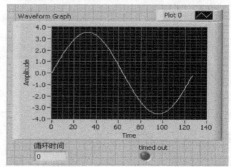

图 6-31　读取数据 VI 的框图程序及前面板

通过浏览 Windows 开始菜单"National Instruments"→"Data Socket"→"Data Socket Server"运行 Data Socket 服务器，打开"Data Socket Server"程序即可，无须进行其他设置。

先运行图 6-30 所示的发送数据 VI，再运行图 6-31 所示的读取数据 VI，即可在读取数据 VI 中看见正弦波形图。至此，运用 Data Socket 实现数据传输的操作已完成，在两个 VI 之间已经可以实现数据的发送和接收，读者也可以尝试其他波形或其他数据的发送和接收。

四、问题探究

❓ **什么是 Data Socket 工具？**

Data Socket 工具是一个高性能、易使用的编程工具，它的主要功能是在测试测量和自动化应用程序中共享和发布实际数据，并将这些数据在不同的应用程序和因特网上不同的机器之间进行传输。LabVIEW 语言的 Data Socket 模块工具简化了同一台计算机上的不同应用程序或者连接到网络上的不同计算机之间的实际数据交换。

现在有多种不同的技术可以实现在应用程序之间共享数据，包括 TCP/IP 技术，但大部分技术无法面向多个客户端进行实际数据传输。在广播应用程序中，使用 TCP/IP 技术时需要将数据转换为一个无数据结构的字节流，然后在接收应用程序中将字节流解析为它的原始格式。而 Data Socket 工具大大简化了实际数据的传输。

❓ **什么是网络传输？**

网络传输是指用一系列的线缆（如光纤、双绞线等）通过电路的调整变化依据网络传输协议来进行通信的过程。网络传输需要介质，也就是网络中发送方与接收方之间的物理通路，它对网络的数据通信具有一定的影响。常用的传输介质有双绞线、同轴电缆、光纤、无线传输媒介。网络协议即网络中（包括互联网）传递和管理信息的一些规范。

如同人与人之间相互交流是需要遵循一定的规矩一样，计算机之间相互通信也需要共同遵守一定的规则，这些规则称为网络协议。网络协议被分为几个层次，通信双方只有在共同的层次间才能相互联系。

五、知识拓展

这里介绍在 LabVIEW 中实现网络通信的方法。

1. 网络协议通信

网络协议被分为多个层次，每一层完成一定的功能，通信在对应的层次之间进行。Lab-VIEW 编程中支持的网络通信协议包括 TCP/IP、UDP、串口通信协议、无线网络协议和邮件传输协议。TCP/IP 体系是目前最成功、使用最频繁的因特网协议，它具有良好的实用性和开放性，它定义了网络层的网际互连协议 IP、传输层的传输控制协议 TCP 及用户数据协议 UDP 等。

LabVIEW 中为网络通信提供了基于 TCP/UDP 的通信函数，用户可直接调用 TCP 模块中已发布的 TCP VI 程序及相关的子 VI 程序来完成程序的编写，而无须过多考虑网络的底层实现。在设计上采用 C/S（客户端/服务器）通信模式，VI 程序分为两部分：处理主机工作在服务器模式，完成数据接收，并提供数据的相关处理；数据点计算机工作于客户模式，实现数据传送。利用 TCP 模块传输数据的过程如下：首先由发送端发送连接请求，接收端侦听到请求后回复并建立连接，然后开始传输，数据传输完成后关闭连接，传输过程结束。

【例 1】 网络协议通信。通过 C/S 通信模式实现数据传输模式。

在服务器端，有客户端在指定端口连接时，TCP 侦听 VI 程序，生成连接引用。注意：客户端有 30s 的时间进行连接，之后服务器将超时。

第一个"写入 TCP 数据"函数指定发送数据的大小，第二个"写入 TCP 数据"函数发送数据。"读取 TCP 数据"函数检查客户端是否写入数据。如写入数据，则客户端通知服务器停止执行。注意："读取 TCP 数据"函数的超时为 0，因为客户端不会一直向服务器发送数据。由于"读取 TCP 数据"函数超时后会返回错误，错误分支结构用于忽略循环内的超时错误。

若客户端 VI 关闭连接，可能发生某些错误代码。在这种情况下，忽略可能发生的错误并弹出显示客户端关闭连接的对话框。TCP 服务器端程序框图如图 6-32 所示。

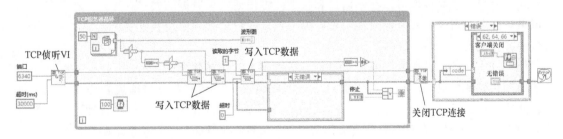

图 6-32 TCP 服务器端程序框图

在客户端，通过"打开 TCP 连接"函数打开 TCP 连接。注意：端口必须与 TCP 服务器指定的端口相匹配。第一个"读取 TCP 数据"函数采集数据的大小，若数据大小（由服务器指定）大于 0，第二个"读取 TCP 数据"函数读取数据。使用"写入 TCP 数据"函数发送单个字符至服务器，表明客户端已停止。用户单击停止或发生错误时，"关闭 TCP 连接"函数将关闭连接。若服务器 VI 关闭连接，可能发生某些错误代码，在这种情况下，忽略可能发生的错误并弹出显示服务器关闭连接的对话框。TCP 客户端程序框图如图 6-33 所示。

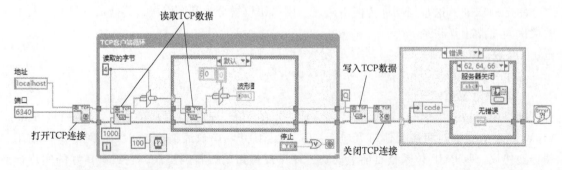

图 6-33 TCP 客户端程序框图

运行程序，结果如图 6-34、图 6-35 所示。

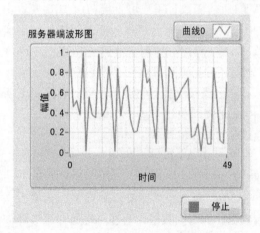

图 6-34 服务器端显示结果

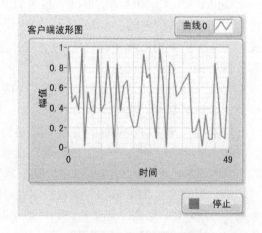

图 6-35 客户端显示结果

2. 共享变量通信

共享变量是继 Data Socket 技术之后 LabVIEW 为简化网络编程迈出的又一大步。通过共享变量，用户无须编程就可以在不同计算机之间方便地实现数据的共享。用户无须了解任何底层复杂的网络通信，就能轻松地实现数据交换。用户建立和使用共享变量就如同操作全局变量一样方便。

【例 2】 共享变量通信。通过 C/S 通信模式实现数据传输模式。

由于共享变量只能存在于工程项目中，因此建立一个共享变量之前应首先建立一个项目，然后在项目目录下选择"New→Variable"选项，根据提示一步一步设置即可，但需要注意的是，网络通信变量类型必须选择为"Network-Published"。在服务器端，创建一个名为"Server_ Variable"的共享变量，同样在客户端建立一个名为"Client_ Variable"的变量，两个变量的数据和变量类型一致，都是一维数组双精度和网络发布类型。共享变量服务器端的程序框图如图 6-36 所示。

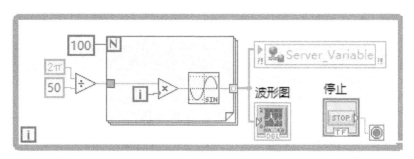

图 6-36　共享变量服务器端程序框图

在客户端，只需把共享变量"Client_ Variable"的"Bind to Source"设置为服务器中的"Server_ Variable"即可，并将其拖入程序框图。共享变量客户端的程序框图如图 6-37 所示。

图 6-37　共享变量客户端程序框图

3. 远程访问

在 LabVIEW 编程中，实现远程访问的方式有两种：远程面板控制和客户端浏览器访问，且在实施这两种访问之前都需要对服务器进行配置。

服务器配置包括三部分：服务器目录与日志配置、客户端可见 VI 程序配置和客户端访问权限配置。在 LabVIEW 软件中选择"工具→选项"即可打开参数配置框，左侧分别列有"Web 服务器：配置""Web 服务器：可见 VI"和"Web 服务器：浏览器访问"。其中，"Web 服务器：配置"项用来配置服务器目录和日志属性；"Web 服务器：可见 VI"项用来配置服务器根目录下可见的 VI 程序，即客户端可操作的 VI 程序；"Web 服务器：浏览器访问"项用来设置客户端的访问权限。完成服务器配置后即可选择远程控制面板或浏览器方式访问服务器以及对服务器进行交互远程操作等。

通过客户端浏览器访问时，首先需要在服务器端发布网页，然后才能从客户端访问，以实现远程通信。

在服务器端发布网页的操作方法是：打开 LabVIEW 软件，选择"工具 → Web 发 布 工具"，打开"Web 发布工具"对话框，如图 6-38所示，设置完成后单击"确定"按钮。

完成上述操作后就可在客户端通过网页浏览器访问服务器，即通过 Web 页面的发布实现网络通信，且用户可与发布的前面板进行交互式操作，从而可以通过因特网操作

图 6-38　"Web 发布工具"对话框

仪器设备。

六、评价反馈

基本素养（30 分）				
序号	评价内容	自评	互评	师评
1	纪律（无迟到、早退、旷课）（10 分）			
2	安全规范操作（10 分）			
3	团结协作能力、沟通能力（10 分）			
理论知识（20 分）				
序号	评价内容	自评	互评	师评
1	掌握 LabVIEW 中 Data Socket 工具的应用（20 分）			
技能操作（50 分）				
序号	评价内容	自评	互评	师评
1	在前面板用 Data Socket 技术实现两个虚拟仪器程序的编制（10 分）			
2	运用 Data Socket 工具设计程序框图（15 分）			
3	程序能够顺利运行（20 分）			
4	程序界面美观（5 分）			
综合评价				

七、练习与思考题

1. 填空题

1）LabVIEW 支持的通信协议类型包括_____、_____、_____、_____和_____。

2）_____是目前最成功，使用最频繁的因特网协议，有良好的_____性和_____性，它定义了_____、_____和_____。

3）Data Sockte 模块是一个_____和_____的编程工具，它专门设计为在_____和_____中共享和发布实际数据，这些数据在不同的应用程序之间以及在因特网上不同的机器之间传输。

2. 操作题

1）用前面板对象数据的 Data Socket 技术实现两个 VI 程序。

2）在程序框图中运用 Data Socket 技术进行程序设计，以便在两个同时运行的 VI 程序之间实现数据传输，并显示在波形图上。

3）采用 Web 服务器技术，将 VI 程序的前面板窗口以 HTML 网页的形式进行发布。

项目七
世界技能大赛典型移动机器人控制

全向移动

任务一 全向移动及遥控控制

一、学习目标

1）掌握将车轮运动方向合成为机器人移动方向的方法。

2）掌握使用 LabVIEW 创建控制机器人移动的 VI。

3）掌握无线遥控手柄的使用方法。

二、工作任务

1）通过对车轮运动方向的控制实现对机器人运动的控制。

2）创建移动控制 VI，通过前面板在线操作机器人的运动，能手动使移动机器人准确地完成移动任务。

3）创建 VI，实现利用无线遥控手柄对机器人进行控制。

三、实践操作

1. 前后直行与左右平移

1）使用带减速齿轮组的直流电动机驱动全向轮运动，具体的操作方法参考项目一中的内容。

2）要控制移动机器人的运动方向，需要四个麦克纳姆轮的配合旋转。调试的重点是改变多个电动机的旋转方向与转速。程序创建步骤是新建一个 VI，并将其命名为"机器人移动的驱动"。选择"编程"→"结构"→"While 循环"，在适当位置创建 While 循环并调整其大小。创建好的 While 循环如图 7-1 所示。

图 7-1 While 循环

3）添加四个轮子的电动机驱动 PWM 功能块，注意在设置的过程中更改每个 PWM 功能块的标签，使其与电动机接口一一对应。添加方向控制输出接口功能，在前面板中添加控制轮子方向的布尔开关，并将布尔开关的机械动作设为"保持转换直到释放"，同时添加调节垂直滑动杆和"停止"按钮。添加好后的程序框图与整理后的前面板如图 7-2 和图 7-3 所示。

4）在控制四个电动机时，需要对其转向与速度分别进行控制。本任务需要控制的方向较少，故速度控制使用相同的 PWM 功能即可完成。进行方向控制时，需要改变四个方向的布尔量，可配合使用比较选择结构与数据捆绑功能，将四个布尔值捆绑成一个簇进行选择赋值，判断完成后再进行解除捆绑，如图 7-4 所示，最后送到输出接口上。

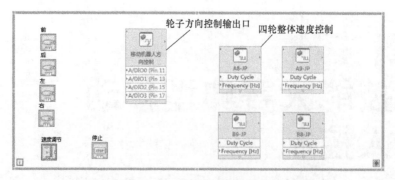

图 7-2　添加功能块后的程序框图

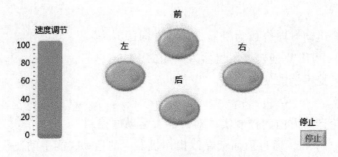

图 7-3　整理后的前面板

5）整理程序实现移动任务。在前面板控制布尔开关"前""后""左""右"，程序将一组特定的被捆绑好的布尔值送去解绑并送到电动机方向控制 I/O 口上，在没有信号控制时移动机器人须停止，这里使用"与"结构，使前面板无按键按下时 PWM 占空比输入为 0，按之前步骤设置的按键性质为"保持转换直到释放"，所以只有一直点

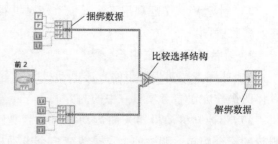

图 7-4　数据捆绑功能与比较选择结构配合使用

击才会有动作，一旦无操作，机器人立即停止。在速度调节的配合使用下可实现移动机器人在前、后、左、右方向上以任意速度移动，如图 7-5 所示。

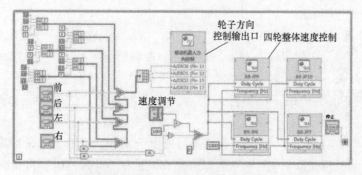

图 7-5　机器人移动时的布尔值设定

至此，完成了通过前面板控制移动机器人的移动。

2. 斜行

斜行需要依靠全向轮独特的安装方式。当需要向左斜行时，只需要控制左后轮与右前轮反向且转速相同，左前轮及右后轮不转（当占空比设置为 1 时，电动机停止转动）即可，程序框图如图 7-6 所示。

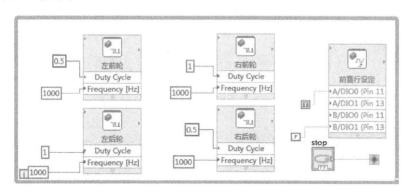

图 7-6　向左斜行的程序框图

3. 无线遥控手柄

在竞赛中，常需要使用无线遥控手柄进行移动机器人的操控。下面介绍无线遥控手柄的使用方法，并给出简单示例程序，实现控制过程。

无线遥控手柄的型号为 Logitech F710，如图 7-7 所示。首先在 myRIO 设备断电后将无线遥控手柄的 USB 接收器插入 myRIO 设备的 USB 口，并将位于手柄正前方的拨码开关拨到"D"档。

创建图 7-8 所示的 VI，即可实现无线遥控手柄的数据接收。对于用到的子 VI 及判断结构的另一部分，均可通过图 7-9 所示的路径查找得到。对于其他常量，在相应位置单击鼠标右键，选择"新建常量"或"新建显示控件"即可。对于无线遥控

图 7-7　无线遥控手柄

手柄在 myRIO 项目中的名称，可以打开 NI MAX 软件，复制其名称，再粘贴到常量中。无线遥控手柄名称的查找方法如图 7-10 所示。

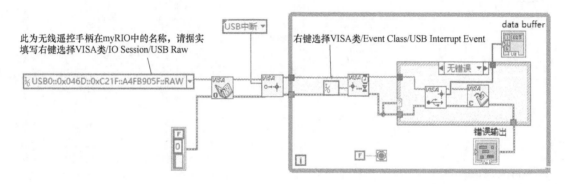

图 7-8　无线遥控手柄数据接收 VI 文件

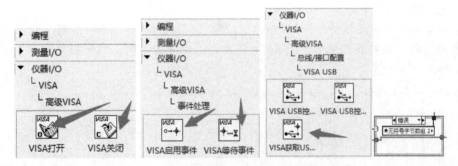

图 7-9　子 VI 及判断结构的另一部分的路径

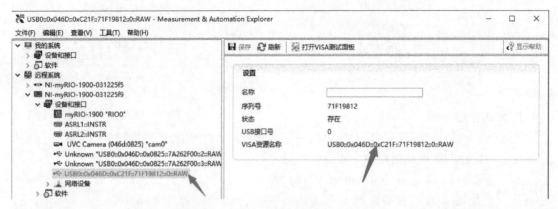

图 7-10　无线遥控手柄名称的查找方法

　　将 VI 下载到 myRIO 之后，单击遥控器上的任意按键，可在前面板观察到数据变化，即可得到无线遥控手柄的通信协议，也就是每个键的键值。获得的数据是一个数组，命名为 "$a()$"，对应于、前、后、左、右四个按键。对于 $a(2)$，$a(2)=128$ 时为前行，$a(2)=16$ 时为后退，$a(2)=64$ 时为左平移，$a(2)=32$ 时为右平移。图 7-11 所示为无线遥控手柄按键控制的程序框图，即前进、后退、左平移、右平移的示例程序。图 7-12 所示为对应的按键值。对于其他按键，可以自行测试其数值后添加。

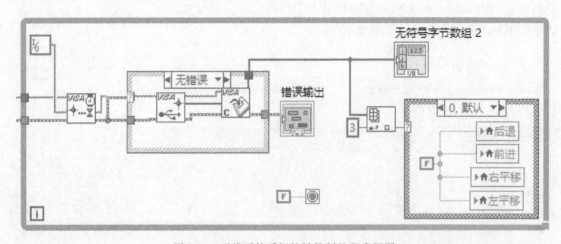

图 7-11　无线遥控手柄按键控制的程序框图

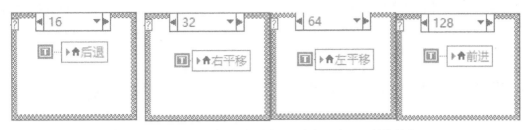

图 7-12　无线遥控手柄按键控制 VI 对应于图 7-11 的按键值

四、问题探究

在实践操作中发现，运行程序过程中简单地向右旋转或向左旋转的控制要求并不多，而是需要较为精确的角度控制，如最常用的向右或向左旋转 90°或者旋转 180°，这个时候该怎么办呢？

面对这种状况主要有三种方法，以旋转 90°为例：

1）使用编码器计算旋转 90°时每个轮子所需要转动的角度。

2）直接使用陀螺仪进行进行调整。

3）通过调整恰当的延时来完成准确旋转任务。

以上三种方法各有优点缺点。全向轮的特性导致按第一种方法和第三种方法不能获得精确的运动，但这两种方法简单；而使用陀螺仪则可以进行调整，从而使机器人旋转的角度更加精确。

五、知识拓展

这里介绍开环控制和闭环控制。

简单来说，有反馈的控制系统称为闭环控制系统，没有反馈的控制系统称为开环控制系统。

例如一个加热的控制系统，不考虑温度反馈，只有加热功能，这个系统就是开环控制系统；如果一个加热的控制系统，可以通过温度的反馈来控制加热的功率或者加热时间，这个系统就是闭环控制系统。

因此，开环控制系统就是控制结果不被反馈回来影响当前控制的系统，闭环控制系统是可以将反馈回来的控制结果与期望值比较，并根据它们的差值调整控制作用的系统。

开环控制与闭环控制的区别是：有无反馈以及是否对当前控制起作用。开环控制一般是在瞬间就完成的控制活动，而闭环控制会持续一定的时间，这也可以作为判断依据。

闭环控制中，从输出量变化中取出控制信号作为比较量反馈给输入端，以控制输入量。一般这个取出量与输入量的相位相反，称为负反馈控制。自动控制通常是闭环控制，如家用空调温度的控制就是闭环控制。闭环控制是控制论的一个基本概念，指作为被控的输出以一定方式返回到控制输入端，并对输入端施加控制影响的一种控制关系。在控制论中，闭环通常指输出端通过"旁链"方式回馈到输入。输出端回馈到输入端并参与对输出端再控制，这才是闭环控制的目的，这种目的是通过反馈来实现的。正反馈和负反馈是闭环控制常见的两种基本形式，从达到目的的角度讲，二者具有相同的意义。从反馈实现的具体方式来看，正反馈和负反馈属于代数或者算术意义上的"加减"反馈方式，即输出量回馈到输入端后，与输入量进行加减的统一性整合后，作为新的控制输入，以进一步控制输出量。实际上，输出量对输入量的回馈远不止这些方式，这表现为：运算上，不止于加减运算，还包括更广域的数学运算；回馈方式上，输出量对输入量的回馈也不一定采取与输入量进行综合运算形成统一的控制输入，输出量可以通过控制链直接施控于输入量。

六、评价反馈

基本素养(30分)				
序号	评价内容	自评	互评	师评
1	纪律(无迟到、早退、旷课)(10分)			
2	安全规范操作(10分)			
3	团结协作能力、沟通能力(10分)			
理论知识(20分)				
序号	评价内容	自评	互评	师评
1	掌握控制机器人移动方向的方法(10分)			
2	创建控制机器人移动的VI(10分)			
技能操作(50分)				
序号	评价内容	自评	互评	师评
1	创建前后直行、左右横移的VI(20分)			
2	创建斜行、原地转动的VI(20分)			
3	程序校验(10分)			
综合评价				

七、练习与思考题

1. 填空题

1) 使用_____可以进行调整，从而使机器人旋转的角度更加精确。

2) 开环控制系统是指：_____。

3) 闭环控制系统是指：_____。

2. 简答题

简述开环控制与闭环控制的区别。

3. 操作题

创建移动机器人前后、左右、斜行、原地转动的VI。

任务二　台球抓取、自动识别与图像实时传输

台球抓取、自动识别与图像实时传输

一、学习目标

1. 使用搭建好的移动机器人平台，在场地内通过程序控制完成对标准台球的抓取、放置任务。

2. 进行台球的颜色识别与分类，选择性地抓取需要的颜色。

二、工作任务

1) 对多种颜色的台球进行颜色识别。

2) 控制机器人将摄像头拍摄的内容实时上传。

3) 控制机器人的执行机构准确执行相应动作，并抓取相应台球。

三、实践操作

1. 手爪到达指定高度的实现

使手爪到达指定的高度，可用旋转编码器实时反馈手爪的当前高度，以达到精确控制的效果。移动机器人每次重新上电后，其手爪的当前高度是未知的，使手爪移动到指定位置并在该位置清零编码器的实现方式为：在上电后，手爪向下移动，直到碰到放置在下方的传感器，这个位置规定为零点，在此位置编码器的数值为 0，即实现了编码器的回零操作。

本任务使用的电动机为带编码器的直流电动机，该电动机共有颜色各不相同的六根接线，其对应关系为：红色接线接电动机正极，黑色接线接电动机负极，绿色接线接编码器负极，蓝色接线接编码器正极，黄色接线接编码器 A 相，白色接线接编码器 B 相。

myRIO 设备有专门连接编码器的接口，本任务中使用 C 接口中的 DIO4 和 DIO6 两个 PWM 接口，分别连接电动机编码器的 A 相和 B 相，在使用 LabVIEW 语言对编码器编程时，要注意选择与 DIO4 接口和 DIO6 接口对应的指令。

直流电动机通过联轴器与丝杠连接，当直流电动机转动时，带动丝杠转动，从而实现手爪在垂直方向的移动。

用 LabVIEW 编程时，使用定时 While 循环指令，循环时间设置为 30ms，调用分支结构，实现复位功能以及到达指定位置功能。完成对手爪升降高度的自由控制、手爪张开与夹合的控制，并且在实际控制中需要一次性完成几个动作，如抓球动作内容是：张开手爪→将手爪降到低位→闭合手爪→将手爪提升一定高度。图 7-13、图 7-14 所示分别为复位功能程序和到达指定位置程序。

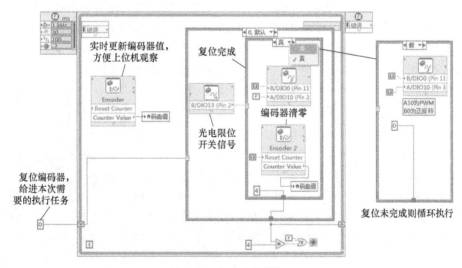

图 7-13 复位功能程序

图 7-13 所示的程序段中，通过读取光电限位开关的信号来判断是否完成复位，读取到"真"时，光电限位开关触碰到物体，则表明复位完成，此时通过给编码器复位信号端"T"信号，提示完成复位，并给电动机转动控制端"F"信号，使其停止转动，将下次执行分支给定为"4"，在下次循环后退出循环。如从光电限位开关读取到"假"，则表示未完成复位，手爪需要向下移动，并且将下次执行分支给定为本任务"假"，继续判断执行，直到完成任务。

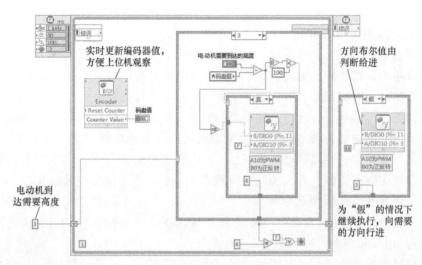

图 7-14　到达指定位置程序

在图 7-14 所示的程序中，通过对读取到的编码器值与电动机需要到达的高度值求差，由通道判断误差的绝对值大小，从而决定是否需要继续执行。本任务中给定误差值是 100，当编码器值与电动机需要到达的高度差值小于 100 时，通道判断为"真"，任务完成，给电动机控制信号"F"，电动机停止转动，并将下次执行分支给定为"4"，下次循环后退出循环。通道判断为'假'时，电动机控制端获得的信号为"T"，电动机继续转动，转动的方向可通过判断差值的正负来确定，如果差值大于 0 则正转，如果差值小于 0 则反转，并将下次执行分支给定为"3"，下次循环时继续判断执行，直到完成任务。

2. 手爪夹紧和松开的实现

手爪的夹紧和松开是由舵机带动，通过齿轮齿条机构来实现的。通过连接件把舵机和齿轮连接起来，将舵机的旋转运动转换为齿条的直线运动，改变舵机的旋转角度就可以改变齿条的直线移动距离，从而实现手爪的夹紧和松开动作。手爪夹紧机构的实物图如图 7-15 所示。

本任务中使用的舵机可以旋转 180°，通过控制器给舵机不同占空比的 PWM 信号，即可改变舵机的旋转角度，进而实现手爪的夹紧与松开功能，并且可通过移位寄存器来保证程序的连贯性。手爪的松开程序和夹紧程序分别如图 7-16、图 7-17

图 7-15　手爪夹紧机构的实物图

所示。

在手爪控制程序中，舵机的控制原理是：舵机控制一般需要一个 20ms 左右的时基脉冲，该脉冲的高电平宽度一般为 0.5~2.5ms，这一范围就是舵机旋转角度控制脉冲部分，总间隔为 2ms。以 180°角度伺服为例，对应的控制关系是：0.5ms 对应于 0°，2.5ms 对应于 180°。

通过给定 PWM 周期 50Hz 可达到 20ms 的循环条件。通过计算与实际测量，手爪松开与夹紧的 PWM 占空比分别为 0.048 和 0.148，并且在收到给定值后舵机到达指定位置需要一定的时间，故应采用给定延时使舵机充分转动到位。所有分支执行完成后，将下次执行分支

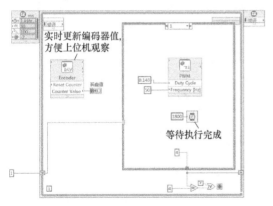

图 7-16 手爪的松开程序

图 7-17 手爪的夹紧程序

给定为"4",程序执行下次循环后退出循环。

设计完全部的动作后,对移位寄存器通过赋值的方式输入初始值,并且将后面的循环生成一个手爪控制 VI,方便后续使用。

3. 对台球颜色进行识别与图像实时传输

颜色识别需要为 myRIO 连接摄像头,并在 LabVIEW 中安装 IMAQ 模块,详情可以参考"LabVIEW-机器视觉模块中文说明书.pdf";关于使用 NI Vision Assistant 对图像进行处理,可以参考"NI Vision Assistant 中文入门教程.pdf"。

在对台球进行识别过程中,由于台球的颜色种类比较多,所以采用循环识别的方法。NI Vision Assistant 中提供了专门的颜色识别调用程序,使用流程为:拍摄一张图片,进行处理,提取图片中的一个特征区域并保存起来,生成 VI 并运行,在运行中对新拍摄的图片与

选取的特征区域块进行对比,对比结束后如有符合要求的区域,则返回区域的中心坐标与匹配相似值。以一张色彩鲜明的图像处理为例,流程如下:

1)打开 NI Vision Assistant 启动界面(见图 7-18),按图 7-19 所示添加图像模板辅助处理,结果如图 7-20 所示。

2)如图 7-21 所示,选择"Color Location"工具,对图像进行处理,主要目的是进行颜色识别。

图 7-18 NI Vision Assistant 启动界面

3)如图 7-22 所示,在"Color Location Setup"下选择"Template"选项卡,单击"Create Template"按钮,在弹出的"Select a template in the image"对话框中,选定要比较的颜色区域。

4)单击"OK"按钮,保存选定的颜色区域。注意要保存到没有中文的路径之下,并记住保存的位置,方便后面的调用与更改。

5)选择"Settings"选项卡,进行参数设置,设置完成后单击"OK"按钮,如图 7-23所示。自动返回图像处理主界面,在"Original Image"下可以看到"Color Location1"。至此,可以说已经完成一大半工作,但是也发现了,只寻找到一种颜色。重复上述寻找图片的

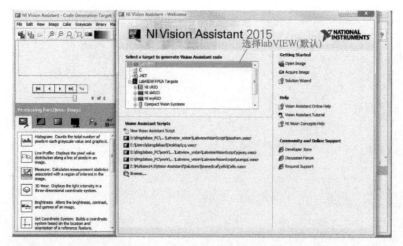

图 7-19　添加图像模板辅助处理

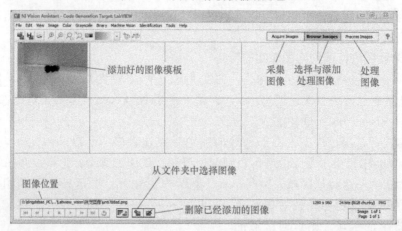

图 7-20　界面简介

步骤，选择下一种颜色并保存（不可覆盖上一个），直到选择完所需的所有颜色。使用的时候，用户只需对同一图片给定不同的比较模板（循环检测）。

6）把需要的处理流程生成 VI 文件，如图 7-24 所示。并改变生成的 VI，提取里面的数据，改变图像采集方式，改变给定的比较模板（适应不同颜色），使之能在 myRIO 上运行，使用摄像头采集并处理实时的图像信息，然后返回实时的外界信息。

在生成 VI 的过程中还需要按照提示选择保存路径、图像来源等配置，本任务中这些都可以选择默认设置，在后期生成 VI 时再根据具体需求更改。图 7-25 所示为生成的 VI，打开后可看到其前面板和程序框图。

7）进行数据提取与分析，图像处理过程如图 7-26 所示。

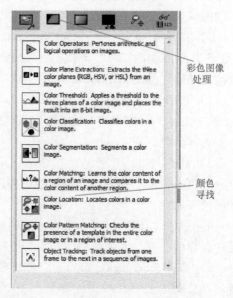

图 7-21　选择"Color Location"工具

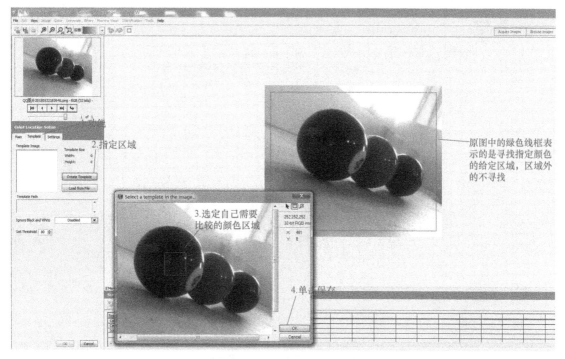

图 7-22　颜色区域选择

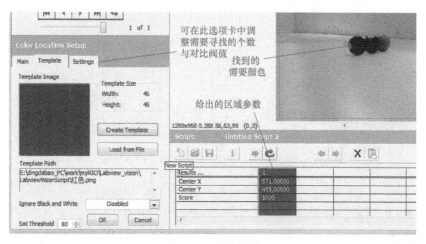

图 7-23　参数设置

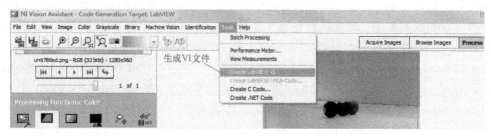

图 7-24　生成 VI

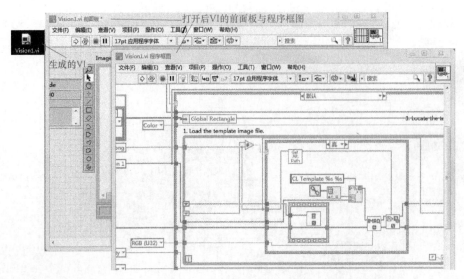

图 7-25   生成的 VI 文件

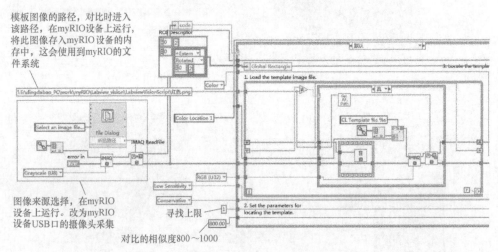

图 7-26   图像处理过程

8）运行 myRIO RT（实时）VI 程序。实时操作系统（Operation System，OS）的管理容量为 387 MB 的板载固态硬盘驱动器（Hard Disk Drive，HDD），以及 USB 闪存驱动器。HDD 上的大多数文件夹都是只读的，但以下三个文件夹有读写权限："/home/lvuser""/home/webserv"和"/tmp"（重置后系统自动清除此文件夹）。可以通过 Web 浏览器、映射的网络驱动器和带安全外壳（SSH）的交互式命令行提示符来访问文件系统。LabVIEW 也可以直接读取和写入文件，以及执行各种文件管理任务。

图 7-26 中的模板路径是在计算机 Windows 系统中的路径，若要在 myRIO 上运行此程序，需把图 7-22 中保存的图片上传到 myRIO 设备中，并且把图 7-26 中的模板图像路径改为 myRIO 中的相应路径，方法如图 7-27 所示。首先按照图 7-27a 所示打开 NI MAX 软件，在相应 myRIO 处单击鼠标右键，在弹出的快捷菜单中选择"文件传输"命令，弹出窗口如图 7-27b 所示，选择路径"/home/lvuser"，将模板图片文件"红色 . png"拖入其中即可，如图 7-27c 所示。最后将图 7-26 中的模板路径改为"home：/lvuser/红色 . png"。

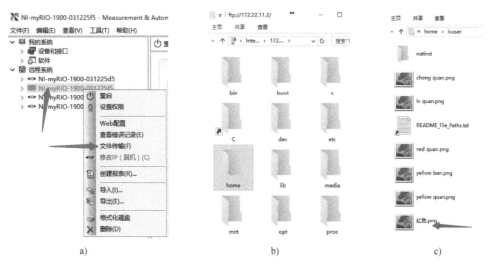

图 7-27　myRIO 上的文件操作过程

9）按照图 7-28 和图 7-29 所示构建程序。

按照以上步骤得到的 VI 主要是用于寻找特定颜色并反馈其位置，将其打包以供后续使用。该 VI 的输入接口为比较模板的存放位置、比较相似度的下限、寻找块的最大数量、图像输入来源，其输出接口包括处理后的数据包与错误簇。调用此 VI 时只需输入参数，循环执行程序便可将选定的颜色识别完成，机器人由此获得抓取的小球颜色，且准确无误。

至此，图像的实时传输工作完成。图 7-28 所示为图像处理前面板，最右端的显示模块"Image out"用于将采集的图像实时显示在前面板。图 7-30 所示为图像显示画面。

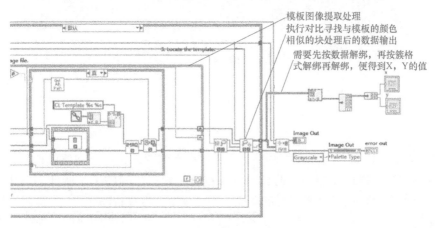

图 7-28　图像处理前面板

4. 抓取台球整体功能的实现

当机器人能够分别独立完成之前的动作后，就可以利用 LabVIEW 把这一系列的动作连贯起来，控制机器人实现抓取台球的整体功能。

1）机器人进行台球的颜色识别。利用机器人的视觉系统进行台球的颜色识别，利用颜色匹配识别对当前范围内的台球进行识别并保存内容。

2）机器人手爪到达指定高度。通过给升降电动机指定脉冲数，将手爪降到指定的高度。

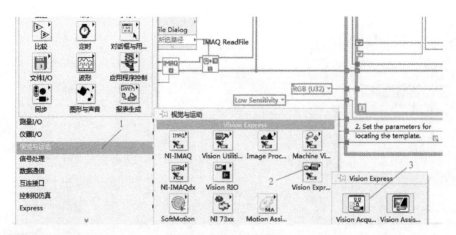

图 7-29 更改图像来源

图 7-30 图像显示画面

3）机器人手爪抓取台球。机器人的手爪到达指定位置后，下一步便是抓取台球，利用第二步提到的方法，通过控制舵机的转角，通过齿轮齿条机构将手爪张开，到达目标台球处，然后闭合，夹紧台球，再抬升一定高度，方便放置与运输台球。

四、问题探究

? 舵机的用途和原理是什么？

舵机也称伺服电动机，最早用在船舶上实现转向功能。由于舵机转角可以通过程序连续控制，因而被广泛应用于智能移动机器人，实现转向以及机器人各类关节运动。舵机具有体积小、力矩大、外部机械设计简单、稳定性高等特点。无论是在硬件设计还是软件设计中，舵机设计是移动机器人控制设计的重要部分。

一般来讲，舵机主要由以下几个部分组成：舵盘、变速齿轮组、位置反馈电位器、直流电动机、控制电路等，如图 7-31、图 7-32 所示。

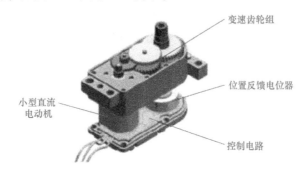

图 7-31　舵机的原理图

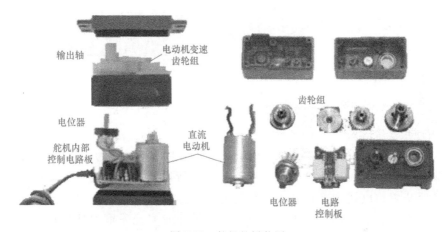

图 7-32　舵机的拆装图

在舵机工作过程中，控制电路板接收来自信号线的控制信号，控制电动机转动，电动机带动一系列齿轮组，减速后传动至输出舵盘。舵机的输出轴和位置反馈电位器相连，舵盘转动的同时，带动位置反馈电位器，电位器输出一个电压信号到控制电路板，进行反馈，然后控制电路板根据所在位置决定电动机转动的方向和速度，达到目标后停止。其工作流程为：控制信号→控制电路板→电动机转动→齿轮组减速→舵盘转动→位置反馈电位器→控制电路板反馈。

舵机的控制信号为周期 20ms 的脉宽调制（Pulse Width Modulation，PWM）信号，其中脉冲宽度为 0.5~2.5ms，相对应的舵盘位置为 0°~180°，呈线性变化。也就是说，给它提供一定的脉宽，它的输出轴就会保持在一定的对应角度上，无论外界转矩怎么改变，只有给它提供一个另外宽度的脉冲信号，它才会改变输出角度到新的对应位置上。舵机内部有一个基准电路，产生周期为 20ms、宽度为 1.5ms 的基准信号，另外还有一个比较器，对外加信号和基准信号进行比较，判断出方向和大小，从而生产电动机的转动信号。由此可见，舵机是一种位置伺服驱动器，转动范围不能超过 180°，适用于那些需要不断变化并可以保持的驱动器中，如机器人的关节、飞机的舵面等。

五、知识拓展

1. 机器视觉系统的原理

机器视觉系统采用照相机将被测物体转换成图像信号，通过图像采集卡传送给装有专用图像处理系统的计算机，计算机将像素分布、亮度和颜色等信息转变成数字信号，然后对这些信号进行各种运算，抽取目标的特征，如面积、数量、位置、长度，再根据预设的允许度和其他条件输出结果，包括尺寸、角度、个数、合格或不合格、有或无等，实现自动识别功能。机器视觉系统的工作原理如图 7-33 所示。

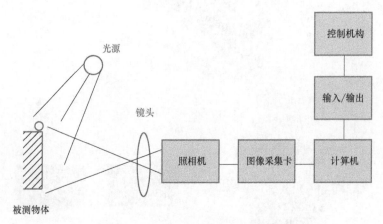

图 7-33 机器视觉系统的工作原理

2. 机器视觉系统的典型结构

（1）照明 照明是影响机器视觉系统输入的重要因素，它直接影响输入数据的质量和应用效果。由于没有通用的机器视觉照明设备，所以针对每个特定的应用实例，要选择相应的照明装置，以达到最佳效果。照明光源可分为可见光和不可见光。常用的几种可见光源是日光灯、水银灯和钠光灯。可见光的缺点是光能不能保持稳定。如何使光能在一定的程度上保持稳定，是实用化过程中急需解决的问题。环境光有可能影响图像的质量，所以可采用加防护屏的方法来减少环境光的影响。照明系统按其照射方法可分为背向照明、前向照明、结构光照明和频闪光照明等。其中，背向照明中被测物放在光源和照相机之间，它的优点是能获得高对比度的图像；前向照明中，光源和摄像机置于被测物同侧，便于安装；结构光照明中，将光栅或线光源等投射到被测物上，根据它们产生的畸变解调出被测物的三维信息；频闪光照明中，将高频率的光脉冲照射到物体上，要求照相机拍摄与光源同步。

（2）照相机 照相机按照不同标准可分为标准分辨率数字照相机和模拟照相机等。要根据不同的应用场合选用不同的相机。

（3）图像采集卡 图像采集卡是完整的机器视觉系统的一个部件，但是它起着非常重要的作用。图像采集卡直接决定摄像头的接口，如黑白、彩色、模拟、数字等。

比较典型的图像采集卡有 PCI 或 AGP 兼容的采集卡，可以将图像迅速地传送到计算机存储器进行处理。有些采集卡有内置的多路开关，如可以连接 8 个不同的照相机，然后告诉采集卡采用哪个照相机抓拍到的信息。有些图像采集卡有内置的数字输入端。用于触发采集卡进行捕捉，当采集卡抓拍图像时，数字输出口就触发闸门。

（4）视觉处理器 视觉处理器集图像采集卡与处理器于一体。以往计算机速度较慢时，采用视觉处理器可加快视觉处理任务。现在，由于图像采集卡可以快速传输图像到存储器，而且计算机的运行速度也很快，所以视觉处理器用得较少。

六、评价反馈

基本素养(30 分)				
序号	评价内容	自评	互评	师评
1	纪律(无迟到、早退、旷课)(10 分)			
2	安全规范操作(10 分)			
3	团结协作能力、沟通能力(10 分)			
理论知识(20 分)				
序号	评价内容	自评	互评	师评
1	掌握直流电动机、舵机的使用方法(10 分)			
2	掌握编码器、颜色识别模块的使用(10 分)			
技能操作(50 分)				
序号	评价内容	自评	互评	师评
1	创建机器人抓取盒子的 VI(30 分)			
2	VI 程序校验(20 分)			
综合评价				

七、练习与思考题

1. 填空题

1)舵机主要由以下几个部分组成：_____、_____、_____、_____、_____等组成。

2)在舵机工作过程中，控制电路板接收来自_____，控制电动机转动，电动机带动一系列齿轮组，减速后传动至输出舵盘。

2. 简答题

简述舵机的原理和用途。

3. 操作题

创建机器人抓取盒子的 VI 程序。

机器人位姿调整

任务三 机器人位姿调整

一、学习目标

1)学会超声波测距传感器定位数据的使用方法（通过 Arduino 板采集串口与 myRIO 通信），通过传感器闭环调节移动机器人的位置与运动。

2)移动机器人抓取完台球后将台球搬运到指定的位置，选择需要放置的位置。

二、工作任务

1)使用 LabVIEW 编写程序，准确接收与处理传感器上传的数据。

2)通过数据判断移动机器人的当前位置。

3)精确控制移动机器人平稳、准确、快速地到达目标位置，执行相应任务。

三、实践操作

1. 超声波测距传感器定位数据的使用

在移动机器人中，对超声波测距传感器数据的处理方式为：使用一块 Arduino 板将超声波的值（由 5 个超声波轮循环采集）采集到后进行处理，将得到的距离值通过串口有序地循环发出，myRIO 仅接收数据。

Arduino 板中已有写好的超声波测距传感器的驱动程序，它与 myRIO 的通信方式为串口通信，采用 19200 的波特率，8 位数据模式，无校验，终止符为 0xFC，数据上传的格式为：6 位无符号字符型数据为一帧，其中前 5 位对应超声波 1~5 的采集值，最后一位为终止符 FC。上传的数据范围为 3~253cm。如果测量范围超出此范围，则超声波测距传感器的测量值被强制转换为 30 并上传。超声波采用轮询采集的方式并批量上传数据，由此采集速率为 5 次/s，读取速率要与之对应，过快读取则浪费控制器的 CPU 资源，过慢读取则会导致错过更新值。

Arduino 板的实物与 I/O 接口说明如图 7-34 所示。

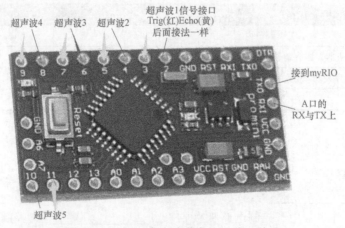

图 7-34　Arduino 板的实物与 I/O 接口说明

myRIO 中串口设置功能块如图 7-35 所示。设置串口时应注意使参数与 Arduino 板的接口对应，否则会导致接收不稳定或数据错误！在串口设置中更改串口号时，如果刷新不出 A 接口或 B 接口，可先在项目中连接上 myRIO 再刷新。串口读取在一个 100ms 的定时循环中运行，保证上传的数据不会被遗漏，且不会因循环读取太快

图 7-35　myRIO 设备中串口设置功能块

而浪费 CPU 资源。串口读取程序框图如图 7-36 所示，相应的串口设置与运动控制前面板如图 7-37 所示。

设置好全部参数后连接硬件，测试串口读取超声波程序是否正确。程序运行中超声波值不断更新，表明正确。可以通过手动遮挡来测试超声波测距传感器的测量值是否准确、稳定。

2. 功能的实现

使用超声波测距传感器要实现的功能是将机器人移动到指定位置。

1) 移动机器人读取超声波测距传感器的返回值，通过返回值判断当前位置。可直接使用任务一中的超声波数据更新程序，超声波测距传感器的测量值会被实时更新到局部变量中，在进行位姿判断时，可读取局部变量的值进行判断。

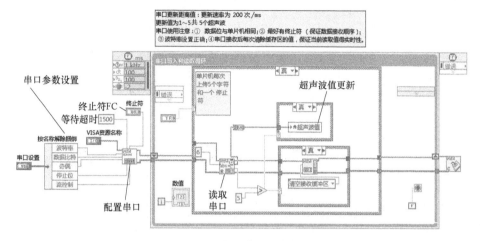

图 7-36　串口读取程序框图

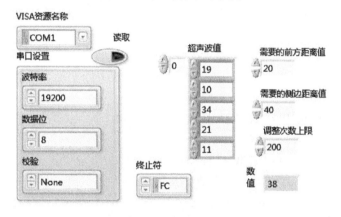

图 7-37　串口设置与运动控制前面板

2）通过公式节点对实际位姿与需求位姿做对比并给出结果（公式节点的输入变量可直接使用，而不需要定义）。位姿调整中使用的所有公式节点程序内容如下：

int　xx1＝0，xx2＝0，xx3＝0；//定义中间变量

int　C1，C2，C3，C4，C5；//定义中间变量存储，用于超声波测距传感器的测量值

int　data＝0；　//选择分支参数，为 10 时可退出循环

float　ZKB［4］；//占空比给定数组，用于控制四个轮子的转速

float　zhen，bian，qian；//执行时间中间值，通过比例计算后得到

if((MAX-i)>5)　//判断当前循环次数是否到达最大循环次数，在循环结束前停止移动

{data = i%3；}　//在运行的次数内通过取循环的余数来轮流执行三个姿态的调整

else

{data＝10；}　//循环剩余次数小于 5 时，给定 data 值为 10，使循环结束。

C1 = CSB［0］；//超声波赋值

if(D1>0)//通过判断输入的侧边调整距离的正负区分调整的是左边距还是右边距

{C3＝CSB［1］；　C4＝CSB［4］；}　//将超声波实际值赋给中间变量

else{

```
C3 = CSB［2］；  C4 = CSB［3］；
D1 = D1 * (-1)；｝ //将超声波实际值赋给中间变量并将负值变正，方便计算
xx1 = C4-C3；//通过机器人侧边两个超声波差值确定机器人姿态角度
xx2 = C4+C3；
xx2 = xx2/2；//两侧超声波值取平均值判断距离
xx2 = xx2-D1；//实际距离前面的值与需求值求差
xx3 = C1-D2；//实际距离前面的值与需求值求差
switch（data）｛//通过选择分支决定当前执行的调整方式：前后，左右，旋转
case 0：｛//旋转调整
if(xx1>1 || xx1<-1) ｛//1与-1为调整误差，在误差范围外进行调整，在误差范围内则
不调整
zhen = xx1 * 9；//对读取差值按比例放大，进行调节
if(zhen>300 || zhen<-300) ｛//当一次调整值过大，则限制其值，避免过冲
if(zhen>0)｛zhen = 200；｝
else｛zhen = -200；｝｝ ｝ //限制到最大值为±200
else｛zhen = 0；｝//比较判断通过比例调整机器人角度并限定最大调整时间
if(zhen>0)｛  FX = 15；//给定方向值，原地右转
ZKB［0］= 0.8；ZKB［1］= 0.8；ZKB［2］= 0.8；ZKB［3］= 0.8；//给定速度，该速度是
测试时微调值
TIME = zhen；｝ //给定本次调整时间值
if(zhen<0)｛  FX = 0；//给定方向值，原地左转
ZKB［0］= 0.8；ZKB［1］= 0.8；ZKB［2］= 0.8；ZKB［3］= 0.8；//给定速度，该速度是
测试时微调值
TIME = zhen；｝ //给定本次调整时间值
if(zhen=0) ｛//调整值为0时，停止转动，给定时间1ms，快速进行下次判断
ZKB［0］= 0；ZKB［1］= 0；ZKB［2］= 0；ZKB［3］= 0；
TIME = 1；｝
break；//结束分支
｝
case 1：｛//左右调整
if(xx2>1 || xx2<-1) ｛//1与-1为调整误差，在误差范围外进行调整，在误差范围内则
不调整
bian = xx2 * 15；//对读取差值按比例放大，进行调节
if(bian>300 || bian<-300)｛
if(bian>0)｛bian = 200；｝
else｛bian = -200；｝｝｝
else｛bian = 0；｝//比较判断，通过比例调整机器人平移量并限定最大调整时间
if(bian>0)｛  FX = 3；//给定方向值，左平移运动
ZKB［0］= 0.85；ZKB［1］= 0.85；ZKB［2］= 0.9；ZKB［3］= 0.9；
```

```
      TIME = bian;}
   if(bian<0){    FX = 12;  //给定方向值,右平移运动
   ZKB[0]=0.85;   ZKB[1]=0.85;   ZKB[2]=0.9;   ZKB[3]=0.9;
   TIME = bian;
   if(bian = 0){
   ZKB[0]=0;   ZKB[1]=0;   ZKB[2]=0;   ZKB[3]=0;
   TIME = 1;}
   break;
   }
   case   2:{前后调整
   if(xx3>1 || xx3<-3){qian = xx3 * 9;//15
   if(qian>300 || qian<-300){//1000
   if(qian>0){qian = 200;}
   else{qian = -200;}    }}
   else{qian = 0;}  //比较判断,通过比例调整机器人前行量并限定最大调整时间
   if(qian>0){    FX = 10;  //给定方向值,向前运动
   ZKB[0]=0.71;   ZKB[1]=0.71;   ZKB[2]=0.8;   ZKB[3]=0.75;
   TIME = qian;}
   if(qian<0){    FX = 5;//给定方向值,向后运动
   ZKB[0]=0.71;   ZKB[1]=0.71;   ZKB[2]=0.78;   ZKB[3]=0.78;
   TIME = qian;}
   if(qian = 0){
   ZKB[0]=0;   ZKB[1]=0;   ZKB[2]=0;   ZKB[3]=0;
   TIME = 1;}
   break;
   }
   default:{    //当出现没有的分支选择则执行停止,如给定10
   ZKB[0]=0;   ZKB[1]=0;   ZKB[2]=0;   ZKB[3]=0;
   TIME = 1;  //给定较短延时,快速进行下次循环
   break;   }
   }
   if(qian = = 0 && bian = = 0 && zhen = = 0)  {//如果三个调整参数都为0,则都不需要再
```
调整,可以直接退出循环,到此也就完成了调整任务。
```
   ZKB[0]=0;   ZKB[1]=0;   ZKB[2]=0;   ZKB[3]=0;
   TIME = 1;  //延时参数给较小值
   data = 10;}  //给出退出循环条件
```
通过上述公式节点程序计算出需要行进的时间、运动的方向、运动的速度后,将速度量通过解绑给到 PWM 控制 VI 的占空比赋值端;将方向值进行整形转换后再整形转化为布尔值,最后给到转向控制 I/O 接口中以控制轮子的方向;将时间变量直接赋值给延时器,使得

上面的程序得以执行；最后进行循环条件判断，通过比较 data 的输出值判断是否继续下次执行。数据使用方式程序如图 7-38 所示。

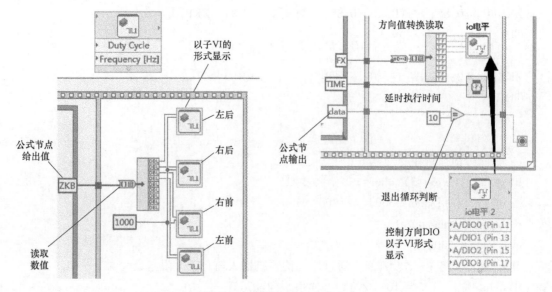

图 7-38　数据使用方式程序

移动机器人需要移动到已识别台球的指定位置，同时校正自己的位置，以确保能够准确地抓到台球。使用超声波测距传感器来校正移动机器人的位置。

前面已经介绍了使用串口通信方法，读取 Arduino 板中的超声波数据，通过公式节点将读取到的数据与指定位置数据进行对比，计算出相应的数据，从而控制移动机器人的动作。例如给指定机器人距离左侧墙壁 30cm，距离前侧墙壁 20cm，而此时超声波测距传感器测得的数据为距离左侧墙壁 40cm，距离前侧墙壁 30cm，则机器人应向左移动 10cm，向前移动 10cm。结合之前移动机器人的移动公式节点程序与赋值模块，完成后的程序如图 7-39 所示。

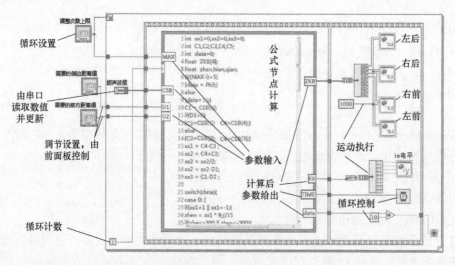

图 7-39　控制机器人移动到指定位置的程序框图

在程序中，对超声波测距传感器数据利用公式节点比较并计算给定值与实际值之间的关系，得到需要的运动数据，以此控制移动机器人的运动，然后根据超声波采集运动得到的状态值再调整，形成一个闭环的控制。利用这个程序可实现将移动机器人从当前位置移动到场地内任意一点去执行其他任务。参照此编程思路，在后面的控制中也可使用公式节点进行判断与计算控制。控制机器人移动到指定位置的前面板如图 7-40 所示。

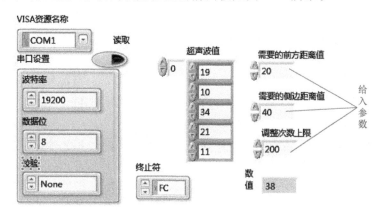

图 7-40　控制机器人移动到指定位置的前面板

3. 移动并执行任务

通过前面的步骤，将移动机器人的传感器数据和运动控制结合起来。

将任务二中台球抓取和放置与本任务的机器人移动控制结合，通过公式节点轮训调用的方法便可以实现定点台球抓取与移动放置任务。

四、问题探究

? 什么是超声波传感器？

超声波传感器用于完成对超声波的发送和接收。由于超声波振动频率高于机械波，具有波长短、频率高、绕射现象小、方向性好、穿透性强、具有多普勒效应等特点，因此基于超声波的特性研制出各种超声波传感器，并在工业、生物医学、国防等各个领域得到广泛应用。

? 超声波传感器的工作原理是什么？

超声波传感器主要由发送器部分、接收器部分、控制部分和电源部分构成。其中，发送器部分由发送器和换能器构成，换能器的作用是将振子振动产生的能量转换为超声波的形式并向空中辐射；接收器部分由换能器和放大电路构成，换能器用于接收超声波而产生机械振动，并将其转换为电能；控制部分主要对整体系统工作进行控制，如控制发送器发送超声波、判断接收器是否接收超声波、识别已接收超声波的大小等；电源部分主要为系统的工作提供能量。

常用的超声波传感器由压电晶片组成，既可以发射超声波，也可以接收超声波。小功率超声探头多用于探测，它有许多不同的结构，可分为直探头（纵波）、斜探头（横波）、表面波探头（表面波）、兰姆波探头（兰姆波）、双探头（一个探头发射、一个探头接收）等。

? 超声波传感器的应用有哪些？

超声波传感技术应用在生产实践的不同方面，而医学应用是其最主要的应用之一。超声波在医学上的应用主要是诊断疾病，它已经成为临床医学中不可缺少的诊断方法。超声波诊断的优点是受检者无痛苦、对受检者无损害、方法简便、显像清晰、诊断的准确率高等，因而推广容易，受到医务工作者和患者的欢迎。超声波诊断可以基于不同的医学原理，其中有代表性的一种所谓的 A 型方法。该方法利用了超声波的反射，当超声波在人体组织中传播遇到两层声阻抗不同的介质界面时，在该界面会产生反射回声。每遇到一个反射面，回声都会显示在示波器的屏幕上，两个界面的阻抗差值决定了回声振幅的高低。

超声波传感器在工业中的应用主要有以下几个方面：

1）超声波传感器可用于集装箱状态探测。将超声波传感器安装在塑料熔体罐或塑料粒料室顶部，向集装箱内部发出声波时，就可以据此分析集装箱的状态，如满、空或半满等。

2）超声波传感器可用于检测透明物体、液体，以及任何表粗糙、光滑、光的密致材料和不规则物体，但不适用于室外、酷热环境或压力罐，以及泡沫物体。

3）超声波传感器可用于食品加工厂，实现塑料包装检测的闭环控制系统。配合新技术，还可在潮湿环境（如洗瓶机、噪声环境、温度急剧变化的环境）中进行探测。

4）超声波传感器可用于探测液位、透明物体和材料，控制张力以及测量距离，主要用于包装、制瓶、物料搬运、煤的检验设备、塑料加工以及汽车行业等。超声波传感器还可用于流程监控，以提高产品质量、检测缺陷等。

五、知识拓展

1. 超声波的产生

声波是物体机械振动状态（或能量）的传播形式。超声波是指振动频率大于 20000Hz 的声波，其每秒的振动次数（频率）很高，超出了人耳听觉的一般上限（20000Hz）。由于其频率高，因而具有许多特点：功率大，其能量比一般声波大得多，因而可以用来切削、焊接、钻孔等；它频率高，波长短，衍射不严重，因而具有良好的定向性。超声和可闻声本质上是一致的，它们的共同点是：都是一种机械振动模式，通常以纵波的方式在弹性介质内传播，是一种能量的传播形式；其不同点是：超声波频率高，波长短，在一定距离内沿直线传播时具有良好的束射性和方向性，频率可达 $1MHz = 10^6 Hz$，即每秒振动 100 万次，而可闻波的频率为 $16 \sim 20000Hz$。

2. 超声波的主要参数

（1）频率 超声波的 $f \geqslant 20kHz$。在实际应用中，因为效果相似，通常把 $f \geqslant 15kHz$ 的声波也称为超声波。

（2）功率密度 超声波的 $\rho =$ 发射功率（W）/发射面积（cm^2），通常 $\rho \geqslant 0.3W/cm^2$。在液体中传播的超声波可用于对物体表面的污物进行清洗，其原理可用空化现象来解释，即：超声波振动在液体中传播的声波压强达到一个大气压时，其功率密度为 $0.35W/cm^2$，这时超声波的声波压强峰值就可达到真空或负压，但实际上无负压存在，因此在液体中产生一个很大的压力，将液体分子拉裂成空洞——空化核。此空洞非常接近真空，它在超声波压强反向达到最大时破裂，由于破裂而产生的强烈冲击将物体表面的污垢撞击下来。这种由无数细小的空化气泡破裂而产生的冲击波现象称为"空化"现象。太小的声波压强无法产生空化效应。

六、评价反馈

基本素养(30分)				
序号	评价内容	自评	互评	师评
1	纪律(无迟到、早退、旷课)(10分)			
2	安全规范操作(10分)			
3	团结协作能力、沟通能力(10分)			
理论知识(20分)				
序号	评价内容	自评	互评	师评
1	机器人的移动和手爪升降综合应用(10分)			
2	掌握超声波测距传感器的工作原理(10分)			
技能操作(50分)				
序号	评价内容	自评	互评	师评
1	掌握超声波测距传感器和 Arduino 板的使用方法(10分)			
2	进行超声波数据采集及串口转换(10分)			
3	编写机器人移动到指定位置的控制程序(10分)			
4	编写机器人移动盒子的控制程序(10分)			
5	程序校验(10分)			
综合评价				

七、练习与思考题

1. 填空题

1)超声波传感器主要由_____、_____、_____和电源部分构成。

2)超声波的两个主要参数是_____和_____。

2. 简答题

简述超声波传感器的工作原理。

3. 操作题

编写机器人移动托盘及盒子的控制程序。

任务四 第43届世界技能大赛移动机器人调试运行

一、学习目标

1)对每个独立任务程序进行优化,对多任务程序进行整合,合理提高计算机 CPU 的工作效率,了解比赛所需程序的框架。

2)学会使用 LabVIEW 调试程序,合理利用 myRIO 强大的数据采集与处理运算功能。

二、工作任务

1)分析整体任务,将其分解为子任务:机器人的移动、机器人的位姿调整、识别台球颜色、台球的抓取操作。

2)调试所有子任务的程序并加以整合。

所需设备：BNRT-MOB-43 型移动机器人。

三、实践操作

1. 创建项目 VI

1）新建一个空白 VI，准备添加模块。

2）对实现移动机器人各个单项动作的功能模块进行调节，将如下单独的功能模块整合在一起，使移动机器人顺利完成场地任务：

① 将车轮运动方向合成为机器人的移动方向。

② 机器人位姿调整。

③ 机器人抓取盒子。

④ 机器人移动托盘及盒子。

移动机器人现阶段需要完成的任务是：移动机器人从指定位置出发，将物料放置台上的盒子（不同颜色）取下并放置在托盘上，再将托盘托起，放至另一台面上，移动机器人返回原位。

2. 分析任务，构建整体框架

根据前述任务内容，可将任务分解为：移动机器人从指定位置出发→到达物料放置台→控制升降叉到指定高度并张开→精确前行抓取盒子→移动机器人按规定路线到托盘放置处→将盒子正确放置在托盘上→调整姿态和升降叉高度→叉起托盘→移动机器人行进到指定位置→将托盘放置在台上→移动机器人归位，准备进行下一轮动作。其中，每个动作都可以通过调用前面调试好的子 VI 来实现。更简单一点，将前面的 VI 逐个地设置好对应任务参数，将其放置在一个较长的顺序结构中，也可实现该任务。

通过实际操作后可发现一个特别严重的问题 LabVIEW 软件运行特别缓慢，程序经编译后变得相当"臃肿"，代码执行效率低下等。顺序结构程序如图 7-41 所示。

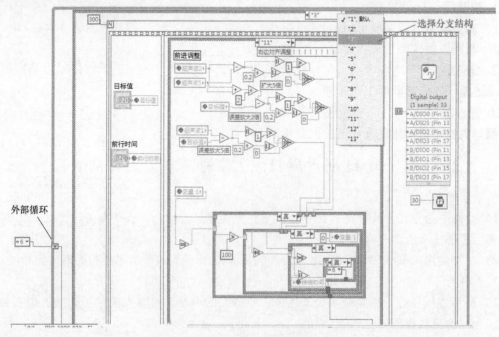

图 7-41　顺序结构程序

因此，必须通过精简程序、优化处理来实现任务。在 LabVIEW 中，公式节点是图形化编程与文本编程（C 语言）的中间桥梁，使用公式节点可以保留 C 语言的灵活性和高效性，为图形化编程提供强大的支持。使用公式节点后的程序如图 7-42 所示。

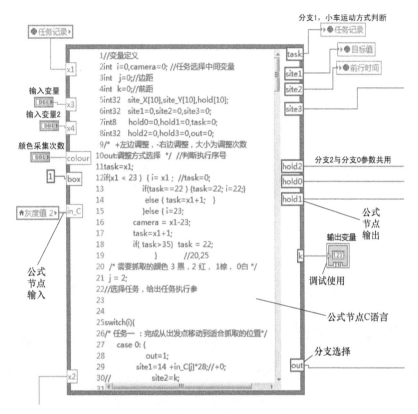

图 7-42 使用公式节点后的程序

通过比较分析可见，运用公式节点与前面的调用模块相结合的程序高效易懂，便于修改调试。在位姿调整中使用公式节点的调用方式，对程序的优化效果尤为明显，同时也避免了对 myRIO 接口的重复调用（对 I/O 接口资源，如 FPGA 电路模块，调用的次数越多，占用的 CPU 资源就越多，程序编译就越慢），因而程序的执行效率远高于顺序结构程序。当移动机器人运行到需要定位时，便可进入位置调节模块，其程序如图 7-43 所示，传入参数为调整边距，用于调整侧边（左/右）距离和车头对前面的距离：

site1 = j; //车头对前面的距离，cm

site2 = k; //侧边距离，cm

site3 = 300; //调整的次数上限

在使用公式节点调用的升降抓取控制模块（程序见图 7-44）中，通过总的公式节点计算下一步应该执行什么样的动作，在有升降抓取任务的时候，进入这个模块（通过前面选择分支机构实现），同时传入 3 个与动作相关的参数。为精简变量的使用，第 1 步与第 2 步使用的是同一变量，每一步执行什么样的任务由前面给定，最多可给定 4 个动作。经过分析可知，每次升降抓取时的连续动作最多为 3 个，该模块完全满足需求。传入的数据如下：

hold0 = 0 * 10+3; //执行步骤，第 1、2 步

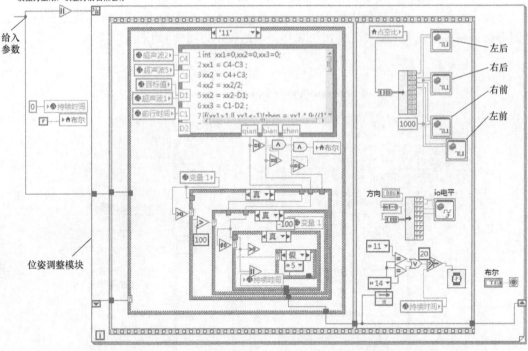

图 7-43 公式节点调用方式下的位置调整模块程序

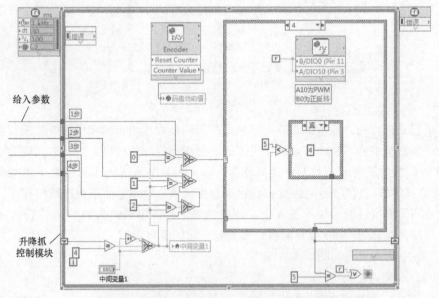

图 7-44 公式节点调用的升降抓取控制模块程序

hold1 = 1 * 10+4;//执行步骤，第 3、4 步

hold2 = 47000;//电动机需要到达的高度

3. 调试程序，分步实现，整体修改

对各任务进行分析后建立好程序框图，再次细化流程步骤。比赛场地如图 7-45 所示，比赛流程如图 7-46 所示。

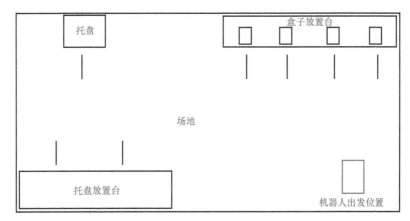

图 7-45　比赛场地

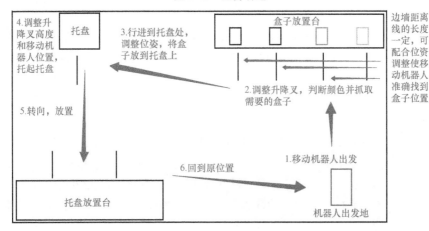

图 7-46　比赛流程示意图

程序如下：

switch(i){

/＊ 任务一：完成从出发点移动到适合抓取的位置 ＊/

case 0：{　　out＝1；

　　　　site1＝j；　site2＝k；//车头对前面的距离,侧边距离

　　　　site3＝300；

　　　　break；

　　　　　　}

/＊　任务二：升降叉复位到指定位置并张开 ＊/

case 1：{　out＝2；

　　hold0 ＝ 0＊10+3；

　　hold1 ＝1＊10+4；//执行步骤 1、2、3、4

　　hold2 ＝ 47000；//电动机需要到达的高度

　　break；

　　　　}

/＊　任务三：执行行走命令 ＊/

```
        case 2：｛  out＝0；
                hold2  ＝0；
                break；   ｝
/＊   任务四：拍照  ＊/
        case 3：｛  out＝3；  break；  ｝
        default：｛  out＝3；  break；  ｝//无步骤
            ｝
```

按照上述程序，将在 LabVIEW 中编写好的程序下载到 myRIO 设备中，单击运行按钮，观察移动机器人的动作。

四、问题探究

？ 什么是 AGV？

自动导引小车（Automated Guided Vehicle，AGV），指装备有电磁或光学等自动导引装置，能够沿规定的导引路径行驶，具有安全保护以及各种移载功能的运输车。工业应用中，自动导引小车不需要驾驶员，以蓄电池为动力来源，一般可通过计算机来控制其行进路线以及行为，或利用电磁轨道来设定其行进路线，电磁轨道黏贴在地板上，自动导引小车沿电磁轨道所产生的磁场移动。

AGV 以轮式移动为特征，较之步行、爬行或其他非轮式的移动机器人具有行动快捷、工作效率高、结构简单、可控性强、安全性好等优势。与物料输送中常用的其他设备相比，AGV 的活动区域无须铺设轨道、支座架等固定装置不受场地、道路和空间的限制。因此，在自动化物流系统中，AGV 最能充分地体现自动性和柔性，实现高效、经济、灵活的无人化生产。

AGV 的优点如下：

1）自动化程度高，由计算机、电控设备、激光反射板等控制。当车间某一环节需要辅料时，由工作人员向计算机终端输入相关信息，计算机终端再将信息发送到中央控制室，由专业的技术人员向计算机发出指令，在电控设备的配合下，这一指令最终被 AGV 接收并执行，将辅料送至相应地点。

2）充电自动化。当 AGV 的电量即将耗尽时，它会向系统发出请求充电的指令（一般技术人员会事先设置好一个值），在系统允许后 AGV 自动到充电的地方"排队"充电。

3）AGV 的电池寿命很长（10 年以上），并且每充电 15min 可工作 4h 左右。

4）美观，可以提高观赏度，从而提高企业的形象。

5）方便，减少占地面积。生产车间的 AGV 可以在各个车间穿梭往复。

五、知识拓展

1. 视觉导航定位系统

在视觉导航定位系统中，目前国内外应用较多的导航方式是基于局部视觉的车载摄像机。在这种导航方式中，控制设备和传感装置装在机器人车体上，图像识别、路径规划等高层决策都由车载控制计算机完成。

视觉导航定位系统主要包括摄像机（或 CCD 图像传感器）、视频信号数字化设备、基于 DSP 的快速信号处理器、计算机及其外设等。现在有很多机器人的视觉导航定位系统采用 CCD 图像传感器，其基本元件是一行硅成像元素，在一个衬底上配置光敏元件和电荷转移器件，通过电荷的依次转移，将多个像素的视频信号分时、顺序地取出来，面阵 CCD 传感器可以采集的图像分辨率从 32×32 像素到 1024×1024 像素。

视觉导航定位系统的工作原理，简单地说就是对机器人周边的环境进行光学处理，先用摄像头进行图像信息采集，将采集的信息进行压缩，然后将它反馈到一个由神经网络和统计学方法构成的学习子系统，再由学习子系统将采集到的图像信息和机器人的实际位置联系起来，完成机器人的自主导航定位。

2. GPS 全球定位系统

如今，在智能机器人的导航定位技术应用中，一般采用伪距差分动态定位法，用基准接收机和动态接收机共同观测四颗全球定位系统（Global Positioning System，GPS）卫星，按照一定的算法求出某时某刻机器人的三维位置坐标。差分动态定位方法可消除卫星时钟误差，距离基准站 1000km 时，还可以消除卫星时钟误差和对流层引起的误差，因而可以显著提高动态定位精度。

但是在移动导航中，因为移动 GPS 接收机的定位精度受到卫星信号状况和道路环境的影响，同时还受到时钟误差、传播误差、接收机噪声等诸多因素的影响，单纯利用 GPS 导航定位时存在定位精度比较低、可靠性不高的问题，所以在机器人的导航应用中通常还辅以磁罗盘、光码盘和 GPS 数据进行导航。另外，GPS 导航系统也不适合室内或者水下机器人以及对于位置精度要求较高的机器人系统。

3. 光反射导航定位技术

典型的光反射导航定位方法主要是利用激光传感器或红外传感器来测距的，而激光和红外光都是利用光反射技术来进行导航定位的。

激光全局定位系统一般由激光器发生器、旋转境面机构、反射镜、光电接收装置和数据采集与传输装置等部分组成。

工作时，激光器发射的激光经过旋转镜面机构向外发射，当扫描到由后向反射镜构成的合作路标时，反射光经光电接收装置处理作为检测信号，启动数据采集程序，读取旋转机构的码盘数据（目标的测量角度值），然后传递到上位机，由上位机进行数据处理，并根据已知路标的位置和检测到的信息，计算出传感器在当前路标坐标系下的位置和方向，从而达到导航定位的目的。

激光具有光束窄、平行性好、散射小、用于测距时方向分辨率高等优点，但同时它也受环境因素干扰比较大，因此采用激光测距时，对采集的信号进行去噪是一个比较大的难题。另外，激光测距存在盲区，所以光靠激光进行导航定位实现起来比较困难，一般用在特定范围内的工业现场检测，如检测管道裂缝等。

在多关节机器人避障系统中，红外传感器常用来构成机器人的大面积"敏感皮肤"，覆盖在机器人手臂表面，以检测机器人手臂运行过程中遇到的各种物体。

4. 即时定位与地图构建定位技术

目前主流的机器人定位技术是即时定位与地图构建（Simultaneous Localization and Mapping，SLAM）技术。行业领先的服务机器人企业大多采用 SLAM 技术。简单地说，SLAM 是指机器人在未知环境中完成定位、建图、路径规划的整套流程。

SLAM 技术自 1988 年被提出以来，主要用于研究机器人移动的智能化。对于完全未知的室内环境，配备激光雷达等核心传感器后，利用 SLAM 技术可以帮助机器人构建室内环境地图，助力机器人的自主行走。

SLAM 技术问题可以描述为：机器人在未知环境中从一个未知位置开始移动，在移动过程中根据位置估计和传感器数据进行自身定位，同时建造增量式地图。

SLAM 技术的实现途径主要包括 VSLAM 技术、WiFi-SLAM 技术与 Lidar SLAM 技术。

（1）VSLAM 技术 VSLAM 技术，又称视觉 SLAM 技术，是指在室内环境下，用摄像机、Kinect 等深度相机来做导航和探索。其工作原理简单地说就是：对机器人周边的环境进行光学处理，先用摄像头进行图像信息采集，将采集的信息进行压缩，然后将它反馈到一个由神经网络和统计学方法构成的学习子系统，再由学习子系统将采集到的图像信息和机器人的实际位置联系起来，完成机器人的自主导航定位功能。

但是，室内的 VSLAM 技术仍处于研究阶段，远未到实际应用的程度。原因有两方面：一方面，计算量太大，对机器人系统的性能要求较高；另一方面，利用 VSLAM 技术生成的地图（多数是点云）还不能用于机器人的路径规划，需要进一步探索和研究。

（2）WiFi-SLAM 技术 WiFi-SLAM 技术是指利用多种手段和传感设备进行定位，包括 WiFi、GPS、陀螺仪、加速计和磁力计，并通过机器学习和模式识别等算法根据获得的数据绘制出准确的室内地图。毋庸置疑的是，更精准的定位不仅有利于地图绘制，而且会使所有依赖于地理位置的服务（Location Basecl Service，LBS）更加精准。

（3）Lidar SLAM 技术 Lidar SLAM 技术是指利用激光雷达作为传感器，获取地图数据，使机器人实现同步定位与地图构建。就技术本身而言，该技术经过多年验证，已相当成熟，但激光雷达成本过高。

激光雷达具有指向性强的特点，使导航的精度得到有效保障，能很好地适应室内环境。但是，Lidar SLAM 技术并未在机器人室内导航领域有出色表现，原因在于激光雷达的价格过于昂贵。考虑到成本的问题，大部分厂商并未考虑使用激光雷达技术，但近年来上海思岚科技有限公司解决了激光雷达成本过高的问题，目前激光雷达已逐渐在市面普及。

六、评价反馈

基本素养（30 分）				
序号	评价内容	自评	互评	师评
1	纪律（无迟到、早退、旷课）（10 分）			
2	安全规范操作（10 分）			
3	团结协作能力、沟通能力（10 分）			
理论知识（20 分）				
序号	评价内容	自评	互评	师评
1	理解本章程序内容，明确程序运行过程（20 分）			
技能操作（50 分）				
序号	评价内容	自评	互评	师评
1	机器人移动到指定位置的程序编写（10 分）			
2	超声波传感器定位数据的使用（10 分）			
3	实现整体功能程序的编写（10 分）			
4	程序调试、分步执行（10 分）			
5	程序校验（10 分）			
综合评价				

免了对 myRIO 接口的重复调用，因而程序的执行效率远高于顺序结构程序。当移动机器人运行到需要定位时，便可进入位置调节模块，传入的参数为调整边距，用于调整侧边（左/右）距离和车头对前面的距离，程序框图如图 7-49 所示。

site1 = j；//车头对前面的距离，cm

site2 = k；//侧边距离，cm

site3 = 300；//调整的次数上限

如此设定完成后，便可以直接将参数传递给移动机器人位姿调整使用。

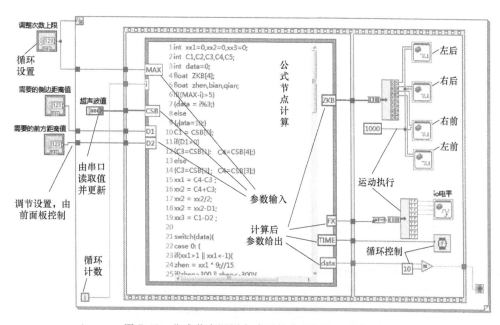

图 7-49　公式节点调用方式下的位置调整程序框图

由图 7-49 可知，由于一个抓取任务需要通过几个动作才可以完成，因此即使使用公式节点调用方式，也会有较多的步骤。对前面的模块进行修改后得到一个程序，只需一次调用就可以执行完一个完整的动作，而且不能影响单独动作。例如抓取台球由张开手爪、放下手爪、闭合手爪三步构成，利用移位寄存器与选择分支结构配合，通过一定的逻辑搭建出需要的更方便的模块 VI。

在手爪动作中，每次执行完当前动作后，下一分支便被赋值"4"，该值既是当前动作完成的标志位，又是该循环的结束数据。因此，此标志位一旦等于 4，即表示任务执行结束，但有时需要连续执行多个任务，此时就需要对结束任务的标志位进行修改。在图 7-50 中，通过选择分支与中间变量，可以增加手爪调用的

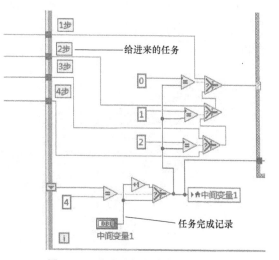

图 7-50　通过选择分支与中间变量
增加手爪调用灵活性

灵活性。图 7-51 所示的程序中，可通过一次调用来执行四个步骤的任务。

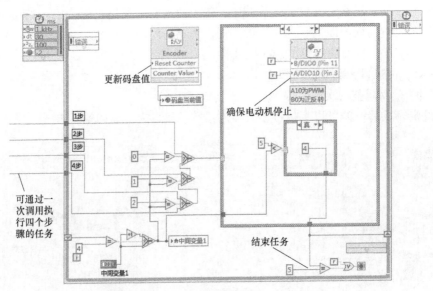

图 7-51　通过一次调用执行四个步骤任务的升降爪控制程序

在图 7-50 所示的程序未改动的情况下加入图 7-51 所示内容，再通过总的公式节点计算下一步应该执行什么样的动作，在有升降爪取任务的时候，程序便执行这个功能模块，同时传入三个与动作相关的参数。由于变量只是 0~3 的整形数据，为精简变量的使用，1 步与 2 步使用同一变量。在后面使用时通过改变变量的十位和个位决定调用顺序，每一步执行什么样的任务由图 7-51 所示程序给定，最多可给定四个动作。经过分析，每次使用升降爪时，连续动作最多为三个，该功能模块完全可以满足需求。传入的数据如下：

hold0 = 0 * 10+3；//执行步骤，第 1，2 步

hold1 = 1 * 10+4；//执行步骤，第 3，4 步

hold2 = 47000；//电动机需要到达高度

在完成位姿调整与夹取机构到位后，还需要进行颜色识别，直接调用图 7-52 所示的颜色识别处理模块即可。

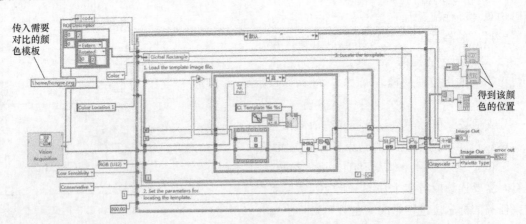

图 7-52　公式节点调用下的颜色识别处理模块

在颜色识别与定位中，需要预先将对比模板存放在 myRIO 文件夹中，存放与调取方式参见任务三。

3. 调试程序，分步实现，整体修改

根据对任务的分析创建程序框图，然后细化流程步骤，涉及沙地区域时，需要用到项目一任务二中的长臂执行机构。比赛场地如图 7-53 所示，比赛流程如图 7-54 所示。

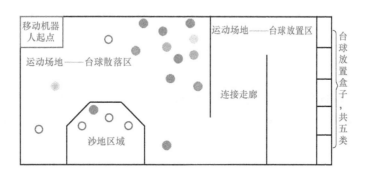

图 7-53　比赛场地

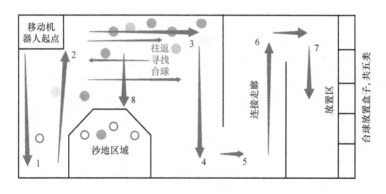

图 7-54　比赛流程

程序如下：

```
switch(i){
/* 任务一：完成从出发点移动到适合抓取的位置*/
case 0：{    out = 1;
            site1 = j;    s4ite2 = k;//前头距离,侧边距离
            site3 = 300;
             break;
                }
/*   任务二：升降爪复位到指定位置并张开  */
case 1：{    out = 2;
        hold0 = 0 * 10+3;
        hold1 = 1 * 10+4;//执行步骤 1、2、3、4
        hold2 = 47000;//电动机需要到达的高度
```

```
              break；
                      }
/*   任务三：执行行走命令  */
  case 2：{   out＝0；
            hold2  ＝ 0；
            break；       }
/*   任务四：拍照  */
  case 3：{   out＝3；  break；  }
  default：{   out＝3；  break；  }//无步骤
         }
```

按照上述程序，将在 LabVIEW 中编写好的程序下载到 myRIO 设备中，单击运行按钮，观察移动机器人的动作，再根据实际进行调整。

四、问题探究

? 什么是智能叉车？

智能叉车结合条码技术、无线局域网技术和数据采集技术，形成现场作业系统；将企业管理系统延伸到作业人员的手掌中或叉车上，使其工作更方便、系统更智能；将无线车载终端装备到叉车上，由信息引导作业。

智能叉车的移动计算可以由手持终端或者车载终端来完成，二者都属于 IT 解决方案的补充，并且可以是并行的。轻便、小巧的手持终端在处理物品时能灵活发挥。但一个手持终端通常会受限于显示屏大小、计算能力、电池的充电及更换等。另外，其他一些微小的因素对手持终端也有影响，如作业人员戴手套工作时，操作手持终端多少有些不方便。除此之外，一个方便、易于使用的操作界面也是非常重要的因素。

车载终端可以发挥手持终端技术的优势，并将其效用扩大。将车载终端安装在升降车、叉车、拖车或其他工业车辆上，作业人员可以在移动中进行信息操作，在屏幕上调用并显示全部数据。随着无线网络 IEEE 802.11 系统标准的成功实施，车载终端可以直接访问企业管理系统。

随着因特网、广域和局域无线网络、移动信息设备的迅猛发展，移动计算（Mobile computing）技术成为信息技术发展的方向，Mobilizing——"M"化成为企业竞争力的核心。物流行业分散、流动的信息化特征和移动计算技术可谓珠联璧合，全球领先的物流企业的发展让人们领略到物流"M"化的强大威力。作为物流"M"化技术之一的智能叉车技术将企业信息系统扩展到叉车上，可以使企业实际运作获取丰厚的回报。将真正实现无纸化办公近在咫尺，不论是叉车驾驶员还是管理人员都可以从智能叉车中享受到操作效率提高所带来的工作乐趣。

五、知识拓展

混凝土超高压水射流破拆机器人是由天津职业技术师范大学机器人及智能装备研究所研制，利用超高压水射流对混凝土进行破拆的履带式移动机器人。

大型混凝土工程由于设计失误（使用的混凝土不符合标准、比例不正确等）或使用不当导致混凝土构造物出现裂缝等各种缺陷，隐含各种不安全因素；由于变更结构形式（改建、扩建等）或者灾害性事故（如地震、火灾等）对混凝土结构的稳定性和正常使用造成严重的影响；混凝土结构在使用过程中同时受到内、外部应力作用，主要包括泌水作用、干燥收缩、水化热以及外部环境因素的突变（如温度变化，化学腐蚀等）作用等，内部组织发生变化和伸缩；此外，结构约束和结构约束的应力作用也会导致混凝土结构损伤开裂。因此，对混凝土构造物进行破碎修复是一项不可或缺的重要工作。

与传统机械破碎工艺相比，混凝土的超高压水射流破碎具有以下优点：

（1）效率高　人工操作风镐去除效率为 $0.46m^3/h$（每人），而混凝土超高压破碎装备的效率可达 $3~4m^3/h$，破碎效率提高 6~8 倍，在降低了劳动力使用成本的基础上，保证了工程的快速进展。

（2）选择性清除　相对于传统的机械破碎混凝土采用应力传递、通透破碎的传统液压锤击工艺，超高压水射流破碎可以有选择地或分层地清除道面破损部分，留下密实部分。例如进行混凝土构造物的水力破碎中，已损坏的混凝土包含大量的微裂缝，这部分混凝土构造物可以被清除，良好的混凝土层由于具有较强的黏结性不易损坏而被保留下来。

（3）表面质量高　在施工人员手持破碎机击打钢筋时，产生的应力波使混凝土的良好部分产生微裂纹，降低了钢筋与混凝土基体间的黏结性。水力破碎移除已损坏的混凝土，留下坚实良好的混凝土结构，不会对处理后的表面造成新的破坏，不会产生微裂纹，同时也不会对混凝土初期的细度模数和细孔构造产生影响，并且水力破碎产生的粗糙不匀的表面为重新浇筑混凝土提供了更好的结合面。良好的结合面对桥梁道面维护极为重要，南京长江大桥桥面屡铺屡毁、凹坑遍布，就是因为修复过程中采用传统机械方式破碎，没有形成良好的混凝土结合面。

高压水射流是用于切割、破岩、清洗、除锈等的一项新技术，随着设备研制水平的提高，水射流技术逐渐由高压向超高压方向发展，超高压水射流技术已成功地应用到了岩石与复合材料的破碎和加工，近年来展现出强劲的发展势头，成为具有巨大发展潜力的技术。其中以美国、瑞典为代表的相关国家相继开发出的道路表面破碎机，近年来在大功率机组和执行机构方面不断获得升级完善，并迅速在欧美发达国家获得应用，成为研究的热点。水力破碎主要技术参数为：压力，80~150MPa；流量，100~400L/min。通过选择不同的破碎参数，可以达到不同的破碎效果，国际上领先的水力破碎工程装备公司有：美国 NLB 公司，其产品主要用于地面混凝土破碎；美国 Gardner Denver 公司，其产品机组功率小，只能用于混凝土小范围破碎修复；瑞典 AQUA-JET 和 CONJET 公司，图 7-55 所示为水力破碎的应用。主要生产适用于地面和顶面作业的混凝土水力破碎机器人。

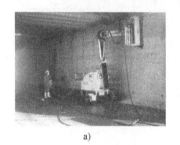

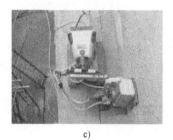

a)　　　　　　　　　　　　b)　　　　　　　　　　　　c)

图 7-55　水力破碎的应用

a）法国地道破碎修复　b）美国高速公路破碎修复　c）美国黄金桥破碎修复工作现场

d)   e)   f)

图 7-55　水力破碎的应用（续）

d）斯德哥尔摩某港口破碎修复　e）斯德哥尔摩码头边缘破碎修复　f）瑞典 Lidingo 桥破碎修复

六、评价反馈

基本素养（30分）				
序号	评价内容	自评	互评	师评
1	纪律(无迟到、早退、旷课)(10分)			
2	安全规范操作(10分)			
3	团结协作能力、沟通能力(10分)			

理论知识（20分）				
序号	评价内容	自评	互评	师评
1	理解本章程序内容,明确程序运行过程(20分)			

技能操作（50分）				
序号	评价内容	自评	互评	师评
1	机器人移动到指定位置的程序编写(10分)			
2	实现整体功能的程序编写(20分)			
3	程序调试、分步执行(10分)			
4	程序校验(10分)			
综合评价				

七、练习与思考题

1. 填空题

1）在位姿调整中，使用＿＿＿＿＿＿调用的方式，对程序的优化效果尤为明显。

2）智能叉车的移动计算可以由＿＿＿＿＿＿或＿＿＿＿＿＿完成。

3）与传统机械破碎工艺相比，混凝土超高压水射流破碎的优点有＿＿＿＿＿＿、＿＿＿＿＿＿、＿＿＿＿＿＿。

2. 简答题

简述第44届世界技能大赛移动机器人调试运行的过程。

3. 操作题

编写整体比赛过程的实现程序。

参 考 文 献

[1]　邓三鹏，马苏常. 先进制造技术 [M]. 北京：中国电力出版社，2006.

[2]　王曙光. 移动机器人原理与设计 [M]. 北京：人民邮电出版社，2013.

[3]　张毅，罗元，徐晓东. 移动机器人技术基础与制作 [M]. 哈尔滨：哈尔滨工业大学出版社，2013.

[4]　赵冬斌，易建强. 全方位移动机器人导论 [M]. 北京：科学出版社，2010.

[5]　秦志强，彭建盛，陈国璋. 智能移动机器人的设计、制作与应用 [M]. 北京：电子工业出版社，2012.

[6]　韩建达，何玉庆，赵新刚. 移动机器人系统——建模、估计与控制 [M]. 北京：科学出版社，2011.

[7]　程磊. 移动机器人系统及其协调控制 [M]. 武汉：华中科技大学出版社，2014.

[8]　西格沃特，诺巴克什，斯卡拉穆扎. 自主移动机器人导论 [M]. 李人厚. 2版. 西安：西安交通大学出版社，2013.

[9]　蒋志坚. 移动机器人控制技术及其应用 [M]. 北京：机械工业出版社，2013.

[10]　曹其新，张蕾. 轮式自主移动机器人 [M]. 上海：上海交通大学出版社，2012.